食のつくりびと

北海道でおいしいものをつくる20人の生産者

HOKKAIDO FOOD CREATOR

小西由稀

写真／岩浪 睦

はじめに

21世紀に入って10年。楽しい情報にも悲しいニュースにも、常に食の話題が取り上げられてきました。これほど食の在り方を意識した10年はなかったのではないか、そう思います。

料理や食品として食べ手の口に入るまで、実にさまざまな人が携わります。その一番根っこの部分、食材を育む人「つくりびと」の気持ちを書きたいと、ずっと思っていました。お皿の向こう側で食をつくり育てる人の言葉には、年代や仕事のジャンルを越え、今の時代に響く大切な何かが秘められているのではないか、そう思ったからです。

農家さん、漁師さんといえば、仕事は大変そうだし、苦労と辛抱の連続で眉間のシワはさぞ深かろう。ついそんな想像をしがちですが、私がこれまで出会ったつくりびとは、とても大らかで自然体。確かに苦労も多く、辛抱する場面は多々あることは事実ですが、くどくどした苦労話はなく、素敵な笑顔でいろんな話を聞かせてくれました。

ある人はこう話します。「自然相手の仕事だから、いちいち心が折れていたらやっていけない」と。また別な人はこういいます。「太陽の光をいかにモノに変えるかが発想の基本。アイデアで勝負です」と。別のつくりびとはこう語ります。「見えるところばかり見ていちゃダメなんだよね。見えないところも見ないと」と。

自分が積み重ねてきた努力が、台風、猛暑、冷夏、長雨、そして地震など、ある日一瞬にして吹き飛んでしまうことがある仕事です。費やした時間や汗、想いがそのまま実るとはいえない、理不尽さと背中合わせの仕事だからこそ、そこから何気なくこぼれる一言一言はとても深く、胸に静かに響きます。

自然に抗わず、寄り添い共存する道を探りながら、自分のモノサシを持ち、前を向いて歩いていく。力みはないけれど、どこか頼もしい。そういう生きざまが結果、味にも表れ、心を動かすおいしさが育まれるということを、取材を通して実感してきました。

本書は、そんな北海道の食のつくりびと20組の物語です。会社員の考えが千差万別のように、生産者の考えもまた多種多様。その多様性がまた、北海道の食の魅力であると思います。

つくりびとの話を通して、元気をお届けできたら、こんなに嬉しいことはありません。

はじめに――2

海のつくりびと 7

牡蠣《かき》 中嶋　均〔厚岸町〕 8

真昆布 大川岩男〔函館市尾札部町〕 22

海苔 谷川哲也〔佐呂間町〕 36

畑のつくりびと 51

なばな・菜種 中野義治〔滝川市〕 52

ホワイトアスパラガス 八木響子〔安平町追分〕 66

グリーンアスパラガス 中屋栄吉〔蘭越町〕 80

トマト 曽我井陽充〔今金町〕 92

インカのめざめ 梅村　拓・泰子〔千歳市〕 106

カボチャ 小林卓也〔石狩市〕 120

※本文内容は 2010年6月～12月に取材したものです。
※本文データは 2011年4月現在のものです。

海のつくりびと

漁師の中には種から育て、
作物を栽培するかのごとく丹精して
海産物をつくる人たちがいる。
海の圃場で必要になるのは、
日々の観察と時期を見極める判断力。
海のゆりかごで命を育むつくりびとの話。

カキキン 有限会社

中嶋　均さん

〔1959年生まれ〕

牡《か》蠣《き》

中島均さんは個人の名前がブランドとなる数少ない牡蠣漁師だ。厚岸産の種牡蠣を3年に渡って育てる仕事は、オイスターファーマー（牡蠣の栽培家）という表現がふさわしい。

「お待たせしました！　中嶋均さんのカキえもん入荷。生牡蠣で」

これは、とあるバールの黒板メニュー。

「厚岸・均さんのカキえもんのリゾット」

これは、とあるレストランでオープン以来続く人気の料理。

厚岸町の牡蠣漁師、中嶋均さんは、産地名でも船名でもなく、個人の名前が枕となる数少ない漁師だ。正確には個人名ではなく、〝キンさん〟というあだ名。本名の〝ヒトシさん〟と読む人はまずいない。詳しくは後述するが、均さんといえば、純厚岸産ブランド牡蠣「カキえもん」が有名である。この澄んだ旨味は、いろんな意味でインパクトが強い。

食に限らず、どの分野にもいえることだが、商品に記されたつくり手の名前は、品質を保証する信頼のブランドである。農業では、生産者の個人名や農園名で流通する農産物が増えているが、漁師による直販が難しい漁業の場合、なかなかそうもいかない。魚介類は漁業協同組合の名前が入った大箱を出発点に、いくつもの流通を経て食卓に届くのが一般的だ。海産物も農産物同様、個人の力量が品質を左右するのだが、その情報は商品に反映されにくい分野といえる。

「でもね、うちの漁協では北海道で唯一、牡蠣とアサリだけは漁師が直売してもいいことになっているんだよ。販売数を漁協に自己申告して、手数料は払うけどね」

直販していることと、漁師の名前がブランドとして浸透することは、もちろんイコールではない。同じ産地でもつくり手によって味は異なるものなのだ。

まずは、厚岸町の牡蠣の歴史を少しまとめておきたい。

釧路市から少し東に位置する厚岸町。広島、三陸、的矢と並ぶ牡蠣の産地として全国に知られている。少々難読な町名は、アイヌ語「アツケウシイ」に由来する。樹皮をはぐ場所、牡蠣が多い場所を意味するふたつの説がある。

真っ赤な厚岸大橋を境に、厚岸湾と厚岸湖に分かれる。ここが牡蠣の漁場になる。湖に小さな弁

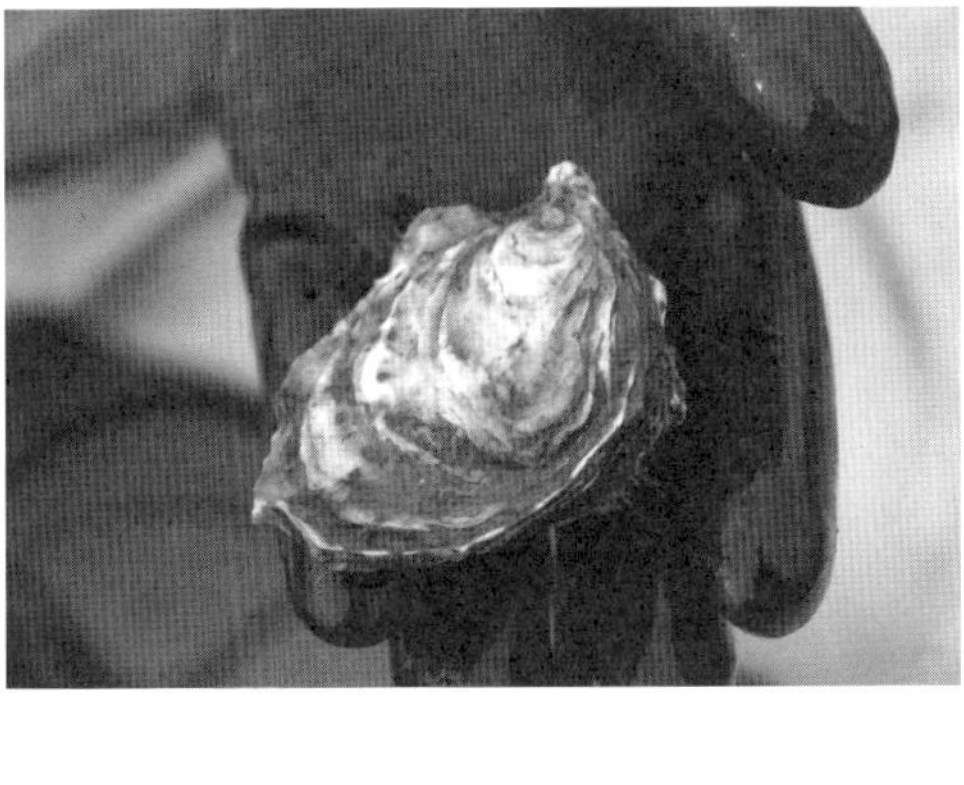

天神社が浮かんでいるように見えるが、これは天然牡蠣の殻が堆積してできた牡蠣の島・弁天島。その昔は建物がいくつも建つほど広く頑丈な島だったが、地盤沈下により面積が小さくなったと聞く。島全体が牡蠣礁とは……。かつての厚岸は、天然牡蠣の宝庫だったのだ。

「明治時代には干し牡蠣を清国に輸出していたみたいですよ」

無尽蔵に思われた天然牡蠣も乱獲が進み、大正時代には禁漁策をとったが、漁獲量の激減は止まらず、養殖事業に着手。いろいろな方法を試し、宮城県から移殖した稚貝を湖に放流する地蒔《じまき》式が成功した。

「それが1983年に、牡蠣が大量へい死。ほぼ全滅さ」

厚岸の牡蠣養殖は大転換を迫られた。地蒔式よりも成長を管理しやすい垂下式へ移行を決めた。無数の稚貝を付着させたホタテの貝殻を数珠つなぎにし、湖の養殖施設に垂れ下げて育成する。全国でもっとも多い牡蠣の養殖方法だ。結果、生産量は格段に伸び、牡蠣を手がける漁師の数も増えていった。

その一方で、均さんら当時の漁協青年部は、大量死の原因を探ろうと研究班を立ち上げた。高校を卒業後、何となく家業の牡蠣養殖を手伝っていたが、手塩にかけた牡蠣の突然死は、納得のいくものではなかった。

「直接の原因は2年続いた冷夏。牡蠣が産卵できず、そのストレスなのかな、抱卵したまま死んでいった。その年は宮城の種が不作で、どうやら広島県からも種が入ってきていたらしくてね。宮城ならまだしも、広島産なら寒冷地仕様じゃないし、厚岸では成長しにくいだろうって。そんなこともあって、厚岸に合った、厚岸で育ちやすい種をつくりたいって話が持ち上がって、カキえもんをつくるきっかけになったんだよね」

純厚岸産の牡蠣、復活への取り組みが始まった。


厚岸町では技術者などを派遣し、姉妹都市のオーストラリア・クラレンス市から国内初となる「シングルシード方式」という技術を学んだ。牡蠣の殻を砕いた粉末1粒に、人工種苗した牡蠣の幼生を1つ付着させる。つまり、シングル＝1粒、シード＝種という意味そのものだ。専用の施設で幼生を5ミリ程の稚貝に中間育成した後、漁師が網かごに入れて海中で養殖する栽培方法である。5年の試験養殖を経て、栽培に成功。名前を公募し、カキえもんというブランド名がついた。ちなみに厚岸では、宮城産稚貝を育てたものを「マルえもん」、宮城の成貝を厚岸で仕上げたものを「ナガえもん」と、呼び分けている。

マルえもんやナガえもんなど、一般的な垂下式の方法ではホタテの貝殻が土台になる。何十個という牡蠣が重なり合って育つため、形やサイズが不揃いとなる。身入りも一定ではない。その点、一固体で育つシングシードは、波に揺られカゴの中で転がりながら成長。殻はころんと丸みを帯びて小ぶりだが、餌をしっかり摂取できるので、厚みのある身となるのだ。

肝心な種は、湖底に眠っていた推定10年以上の巨大牡蠣から採ることにした。ずっと生き抜いてきた天然牡蠣かもしれないし、生き残った地蒔きの宮城産かもしれない。例え宮城産だったとしても、相当長い歳月を湖で過ごしてきたので、厚岸に合った個体であることは間違いない。大切なのは、環境に適応した種をつくり繋いでいくことにある。

町を挙げて試験養殖に取り組むシングルシード方式の視察に、均さんも技術者に同行し、オーストラリアに飛んだ。生産現場で印象的だったのは、栽培方法よりも漁業者の牡蠣に対する姿勢だった。

「向こうの牡蠣漁師は、天然の牡蠣を獲る〝オイスターマン〟と、養殖で牡蠣を育てる

〝オイスターファーマー〟がいるんだよね。優秀な種をどう選んで、どう育て売っていくのか。まるで農業の考え方と一緒じゃないかって。これからの厚岸の牡蠣漁師も、オイスターファーマーにならないといけないんじゃないか。そう思ったんだよね」

牡蠣を取り巻く食文化にも大いに刺激を受けた。

「こっちの2月に行ったから、向こうは真夏。シドニーのオペラハウスの前にオイスターバーが並んでいて、花火を眺めながら、ギンギンに冷えた牡蠣を食べているんだよ。その姿を見てこれはちょっといいな、と」

オーストラリアでは通年親しまれている牡蠣だが、日本では冬の食材という印象が強い（厚岸では現在、牡蠣は通年出荷している）。焼き牡蠣やフライ、鍋など、加熱調理で食べることが多いので、身は大ぶりなほうが好まれ

る傾向にある。ところが均さんは、以前から小ぶりの牡蠣を好んでつくっていた。生牡蠣で食べてほしい気持ちと、小さいほうが味が良いという自信があったからだ。小ぶりなシングルシードはスルリと口に入るので、生でも食べやすい。シドニーで見た光景から確信を得て、シングルシード方式を導入することを決めた。

水温が低い厚岸湖と厚岸湾、その両方でゆっくり時間をかけて育てるのが、厚岸ならではの特徴だ。通常の牡蠣栽培は2年で出荷できるが、厚岸では3年を要する。冬は結氷するほどの厳しい環境ゆえ、成長はかなり遅い。

稚貝は最初の2年を厚岸湖で過ごす。「牡蠣は森が育てる」という言葉があるように、厚岸湖の北には別寒辺牛《べかんべうし》湿原が広がる。周囲を天然の森林に覆われ、3本の川から豊富な栄養が湖へと注ぐ。また汽水湖ゆえ干満の差が大きく、水中では殻を開いて栄養を摂取するが、水面から出ている間は殻をきつく閉じる。

「そうやって干出を繰り返し、しっかりつくった牡蠣はやっぱり違うかな、と思います。いじめられて、おいしくなるんですよ」

その後、より栄養が豊富で潮の流れが早い湾へと移動させる。今度は湾の中で牡蠣

をいじめつつ、身を肥やしていくのだ。均さんはこれを「身をなおす」と表現する。身をなおした牡蠣を再度、湖に戻してようやく仕上げとなる。

「こうすることで塩分が適度に抜け、牡蠣本来の味わいになる」

海と湖、それぞれに移すタイミングが味にも響くという。目安になる日数はあるものの、時機は日々の観察と天性の感覚でしか得られない。均さんがカリスマ漁師といわれる所以は、そこにあるように思う。

牡蠣の味わいの表現に、〝ミルキー〟とか〝磯の風味が濃い〟などがあるが、均さんのカキえもんは、その対極にある。殻いっぱいにこんもりと厚みのある牡蠣は、澄んだきれいな味がする。すっきりとした旨味と香りの余韻が長く、思わず目を閉じてしまう。殻をよく開閉するせいか、貝柱がしっかりして甘い。それにしても、3年も

の手間暇を費やしたカキえもんだが、食べる時はスルっと一瞬。均さんに申し訳ない気がして、そっと頭を下げた。

生で食べてこそ、その実力を実感できる品種ということはよくわかったが、ひとつ問題がある。牡蠣は殻を剥きにくいのだ。均さん直伝の剥き方を最後のページで紹介するのでご参照ください。5個くらい剥くとコツをつかめるようになる。あとは鍛錬あるのみ。

厚岸には120軒の牡蠣漁師がいるが、カキえもんをつくっているのはわずか30軒ほど。網カゴなどの初期投資がかかる上、種苗単価が宮城系よりもはるかに高い。その分、販売価格は高いのだが、成貝まで成長し出荷できる割合は、1割程度と歩留まりが極端に悪い。このところの天候の変化もあり、なかなか生産者数が増えないのだという。

「その年に生まれた貝は、暑い8月をうまく乗り越えられるかがポイント。対応策は講じているけれど、水温の上昇が予想を越えている。本当に難しい。だけど、そこが面白いんだよね。俺は現地まで技術を見に行っているから、カキえもんから離れるわけにはいかない。厚岸でつくっている種だし、想いが全然違う。それにおいしいと思うしね」

暑さで牡蠣を出荷できない時は、直販ゆえ待つ人の顔が思い浮かぶ重圧はあるが、同時にそれはつくりたい牡蠣をつくり、選んでもらえる幸せでもある。

均さんの夢は、より吟味したカキえもんをつくること。そして近い将来、作業場の2階にオイスターバーをつくる構想もあるという。カキえもんのふっくらした身を口に滑り込ませ、澄んだ余韻をお酒と一緒に楽しむ。目の前には厚岸湖と青空。想像するだけで垂涎ものである。そういえば、均さんの牡蠣の殻は、道産の醸造用ブドウの堆肥として使われていると聞く。そのワインと合わせ堪能するのも良さそうだ。

そのためにも、まずは今年の夏がどうか穏やかでありますように。希少なカキえもんが無事に大きくなりますように。心からそう念じたい。

均さんの牡蠣を味わいたい方へ

2011年3月11日に発生した東北地方太平洋沖地震により、北海道の太平洋沿岸も津波による漁業被害を受けました。厚岸町も大きな被害を受けたエリアのひとつですが、幸いにも均さんの牡蠣はやや減産程度の被害と、報告を受けています。

前述した通り、宮城県の種牡蠣に頼る「マルえもん」「ナガえもん」は、宮城県の復興を待ち、その間は厚岸で種牡蠣をつくる「カキえもん」を増産させていく方向で進めていくそうです。宮城県はじめ今回の大震災で被災された地域の一日も早い復興を、心よりお祈り申し上げます。

なお、カキえもんは通年出荷ですが、時期によっては出荷を控える場合があります。現地で直売のほか、地方発送(希望者はファックスかメールで連絡を)も可能。マルえもん、ナガえもんの取り扱いもありますが、なくなり次第終了となります。販売はすべて殻つきです。

【均さん直伝の剥き方】

蝶番を下にすると、貝柱は右側の2/3の位置にあります。一番近いところにナイフを入れ、上蓋に沿ってナイフを動かすと貝柱が切れて開きます。ただ上蓋と下蓋の境目がわかりにくいので、慣れないうちは上蓋を少し壊してから差し込むのがおすすめ。

〔カキキン 有限会社〕

北海道厚岸郡厚岸町奔渡1丁目137

TEL/FAX 0153-52-5277　　kin.oyster@nifty.com

SC
STAR COUPLE

南かやべ漁業協同組合・組合員

大川岩男さん

〔1944年生まれ〕

真昆布

出稼ぎをしない道を懸命に模索し、辿り着いたのは昆布の養殖。さらに、献上昆布の産地としてこだわったのは、天然同様リスクの高い2年栽培だった。種つけから成形作業まで、手間をかけた数が昆布の格を決める。

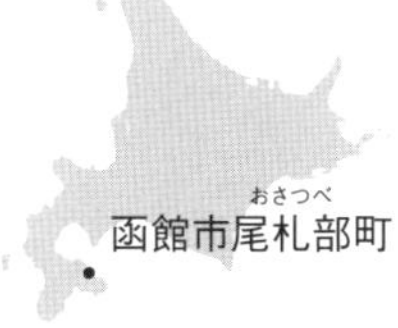

日本人と昆布の結びつきは古い。いつ頃からのおつきあいかというと、縄文時代にはすでに昆布を食していたといわれている。平成の世になり、家庭でだしを引く回数こそ減ったものの、ここぞという時には昆布の出番である。昆布そのものが食材であり、保存食でもあり、加工品にも引く手あまた。縁起ものにも欠かせない。最近は化粧品にも使われていると聞く。まさに八面六臂の働きである。

北海道は日本一の昆布の産地。旧・南茅部町（現・函館市）の南かやべ漁業協同組合では、国内生産量のうち約15％もの昆布を採取している。南かやべで水揚げされる種類は、真昆布。だしの清澄さと味の上品さが特長の昆布である。真昆布の中でも南かやべ産といえば、蝦夷・松前藩の時代より献上昆布として有名な「白口浜昆布」。白口浜とは産地の名前ではなく、昆布の切り口の色からそう呼ばれている。隣り合った産地でも、切り口が黒いものは黒口浜昆布と区別される。

「うちの浜の昆布はね、表面に粉が吹きやすいんです。少し置いておくと、花が開いたように真っ白く浮き上がってくるんですよ。よその地区の白い粉はしょっぱいでしょ。うちのは甘い。砂糖みたいですよ。俺らが子どもん頃、それを舐めて昆布に舌の形をつくっては、よく親に怒られたもんですよ」

作業の手を休め、楽しそうに笑う大川岩男さん。6つの浜からなる南かやべ漁協の中でも、最上級昆布が多い尾札部《おさつべ》地区を代表する腕利きの漁師である。太陽と潮風に長年さらされ、赤銅色に日焼けした表情は、厳つい海の男というよりも、真っ白な髪や穏やかな口調のせいだろうか、もっとソフトな印象を受ける。

大川さんがいう白い粉の正体は、マンニットという糖アルコールの一種。白色で甘味のある水溶性の結晶で、昆布に多く含まれる。昆布を使う時、布巾でさっと乾拭きする程度に……といわれるのもそのため。大切な旨味成分を拭き落としちゃあ、もったいない。

理由は未だに解明されていないが、南かやべ産の中でも尾札部がもっとも糖化しやすいといわれている。そのことも影響しているのだろうか、昆布問屋や日本料理店など、尾札部産はプロからの指名

買いが多い。

「少々値段が張っても、あんた方の昆布は2回だしが引けるからいい。だしだけ味見するとものの足りないけれど、料理で使うと素材をぐっと引き立ててくれるって、いわれるんですよ」

それが尾札部の昆布の魅力である。

大川さんの昔話に耳を傾けた。

「昔も今も酔っぱらうもんですからね、大きな船には乗れなくて」

「酔うって、船にですか⁉」

この道50年にもなろうという大ベテランが、船酔いを克服できないというから驚いた。

「そんなんですから、漁師を継ぐのは嫌でした。でも、継いでからは辞めたいと思ったことはないです。いかに家族を食べさせていくか。頭ん中はそれだけですもんね」
体が弱かったので体力はない。船に酔いやすい。大川さんは力任せの漁ではなく、

道具や漁法に知恵を絞る漁で勝負に出た。今は船外機つきの船だが、当時の磯船は櫓を漕いで進んだ。多少風があっても漕ぎやすいようにと、ほかの人よりひと回り小さな船で出漁した。重い昆布を水揚げしやすいように道具も改良した。目印のない海の上から覗いて採る昆布漁は、地図のない宝探しのようなものだ。海が遊び場だった子ども時代、おやつ代わりに昆布を失敬していたので、味のいい昆布の育つ場所は頭に入っていた。一見、頼りなさそうに見えた大川青年だったが、採って採って船を沈めるほどの漁を揚げ、みんなの鼻をあかした武勇伝を持つ。

そんなある日、尾札部の漁協青年部が集まった酒席で、こんな話題が持ち上がった。

「奥さんもらっても投げっぱなしじゃ、しゃーねぇべ」

投げっぱなしとは、放っておくという意味の浜言葉。昭和30年代後半、若い漁師は1年の半分は出稼ぎに出ていた。せっかく結婚しても恋女房と離れ離れはつらい。自然に頼るところが大きい天然昆布は豊作と不作を繰り返し、収入が安定しない。昆布は漁獲できるまで2年もかかり、資源の枯渇も少しずつ心配され始めた頃だった。

ならば、昆布を養殖をしてみてはどうかと盛り上がる。理屈としては、海にロープを張り、昆布の胞子を種苗するという方法。同じ悩みを抱えていた近隣の浜でもこの話が同時多発的に巻き起こり、各地でさまざまな試験栽培が始まった。大川さんの浜では、海に浮遊する目に見えない胞子を採取して育てるところから挑戦した。

「なんもかんも原始的。知識がなかったので、思いついたことは片っ端からやってみました。若かったですからね」

天然昆布に悪い影響があるかもしれない。そういう意見も根強く、青年部の想いが形になるまで、尾札部では数年を要した。いち早く養殖試験に成功した浜と情報交換をしながら、さまざまな軋轢、技術不足を根気強く克服。少しずつ養殖に向けての環境と技術を整えていったのだった。

同じ養殖でも、浜によって目指す方向は違った。1年で漁獲する促成栽培に取り組む浜が多かったのに対し、尾札部では天然同様、2年かけて育てる方法にこだわった。海中に暖簾のように吊り下がる養殖昆布は、台風や冬の荒天に流されやすく、栽培期間が長いほどそのリスクは高くなる。しかし、最上級昆布が採れるこの浜なら、天然と同じサイクルで育てることで、養殖であっても良い昆布を栽培できる。そこには譲れない矜持と自信があったに違いない。

昭和40年代の中頃には、いずれの栽培方法も安定した漁を見込めるようになり、出稼ぎの必要はなくなった。現在は尾札部の漁協組合員のほとんどが養殖に関わるまでになり、南かやべ全体でも養殖昆布は天然昆布の約4倍もの水揚げを誇るまでになった。

「養殖といっても、餌や肥料を与えているわけではないんですよ。使う胞子だって、天然昆布のものですから。養殖って何か人工的に手を加えているイメージがあるでしょ。天然も養殖も同じ海の栄養で大きくなる。もうちょっと良い呼び名はないものですかね」

大川さんは、天然昆布漁から養殖昆布漁に切り替えて30数年になる。毎年の作業は11月頃の「種つけ」から始まる。漁協で用意した胞子を着生させた種苗糸を海に張ったロープに仮植するのだが、天候や水温の変化に影響されるので、いつ種をつけるか、時期を判断するのがもっとも悩ましいという。

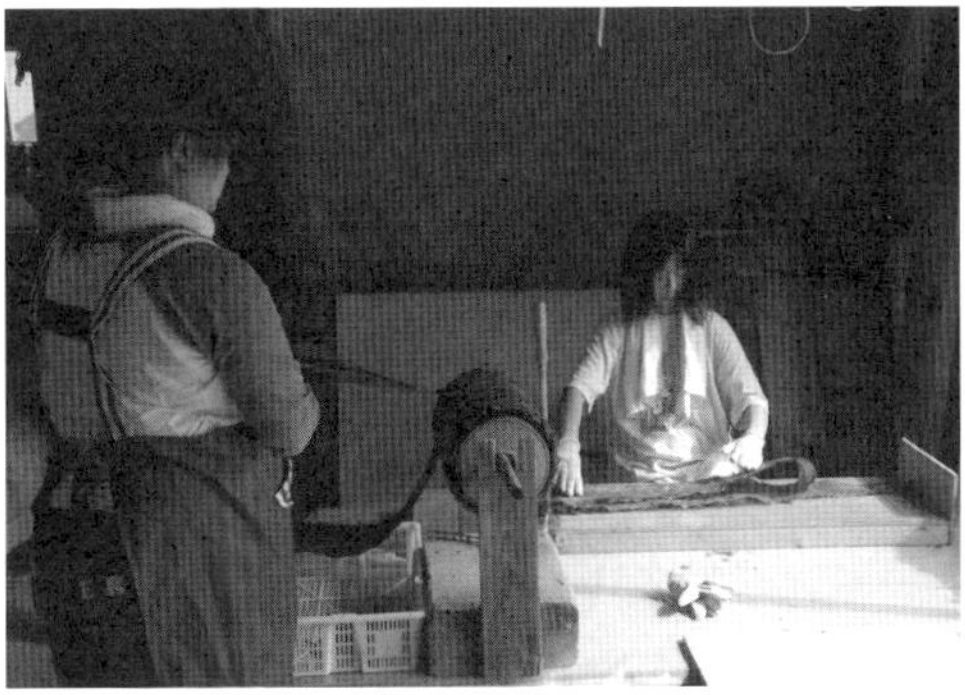

そして翌年1月、寒風が身を突き刺す中、最初の間引きをする。厳寒期にも淘汰されない生命力の強い種を選び、種苗糸を養生用ロープに埋め込んでいく。冷たい海の中でしぶとく芽吹いた種は、寒さが緩む春に再度間引きをする。

「どうせ間引くなら、最初から間隔を広めにやればいいと考えるけれど、そうするとほかの付着物が増えて、昆布が育ちにくくなる。ある程度密集させ競わせると、強いものが残るんですよ。本数を多く育てることと、身が厚くて幅も重量もある良い昆布をつくることは違うんですよ」

漁獲する翌年の夏までは、こまめに世話を焼く。雑海草を取るなど、畑の野菜のごとく、丹精して育てていく。成長に合わせて太陽の光を当てやすくするため、ロープを張る深度を浅めに調整。時化《しけ》が近づくと再び深めに張り直す。タイミングが遅れると、その後の手のかけ方が違ってくる。経験や工夫から学び、自分なりのやり方を持つ人は、結果、品質の良さにもつながるという。

そして、7月。養殖の昆布漁が始まると、浜は一気に活気づく。水揚げした昆布は洗浄後に干し上げる。尾札部では天候に左右される天日干しではなく、乾燥室を使うのが主流だ。

「昔は天井ばかり見て仕事をしていたもんです。いつ雨が来るか、いつ晴れるかってね。急に天候さ変われれば、茶の間のストーブに薪をくべて、干し竿を渡して昆布を干したもんです。真夏なのに暑くて暑くて、夜は眠れんかったですね。昆布はすぐ乾かさないば、等級が下がる。今は雨が降ろうが関係ないですもんね」

昆布漁は単に採るだけではなく、乾燥作業も伴うため、天日で干す場合は雨が大敵。1日中晴れないと、漁にさえ出られない。お天道さまと睨めっこするストレスから解放された今は、幸せだという。乾燥室に昆布を吊るし、場所を入れ替えしながら、赤外線乾燥機で平均60度10時間かけてじっくり乾かす。最近は油代（燃料費）がかさむのが堪えるという。

昆布漁は採って干したら終わりではない。尾札部を含む南かやべでは、素干しからさらにもうひと仕事、整形作業が待っている。この作業は、実家を離れた子どもや孫も手伝いにきて、一族総出の大仕事。干し上がった昆布に蒸気を当てて柔らかくし、ロールに巻き取りながら一枚一枚丹念にシワを伸ばしていく。熱線で折り目をつけ規定の長さに折りたたみ、耳（端）の部分をカット。さらに重石をのせて表面がぴしっと平らになるよう、重ねて保管する。その後、細かな等級分けをして検品、出荷となる。種つけからここまで、実に60以上の工程を経て、ようやく製品になるのだ。

「ここまで手をかけるのは、ほかの産地とは売り先が違うからです。尾札部の昆布は高級佃煮やおぼろ昆布の加工に使われるものが多いもんで、見た目の美しさも求められるんです。ただね、生産者の気持ちとしては、どの等級の昆布も使い途があって捨てるところはないんですよね」

約2年に渡り栽培から成形まで、かけた手間の数が製品の格を決めるのだ。この作業は年明けまで続く。

南かやべには大船遺跡をはじめ、縄文時代の遺跡が88ヶ所も確認されている。紀元前の時代から、海と山と川の幸に恵まれた暮らしやすい場所だったと考えられている。

「ここの浜では、大昔からまめに

海の掃除をしてきた歴史があります。岩に余計な付着物がないようにきれいにしたり、俺らが若い頃は、川から〝生き石〟を拾ってきては海に入れたもんです」

生き石とは、重量があって付着物のない石のことを指すらしい。昆布は大量の胞子を放出するので、岩盤の表面がきれいなほど発芽率は高くなる。

「磯焼けに困っている海は、聞けば掃除をしていない場合が多い。みんな昆布は何もしないでも、自然に生えると思っているけれど、そうじゃない。昔の人たちは経験からそれを知っていたんでしょうね」

海からの恩恵は無限ではない。尾札部の浜では豊かな環境とともに、そのことを伝え繋いできた。

「最近は天然も養殖も1等になる割合が減ってきているんです。昆布なくして、この村は成り立たないのに」

採るばかりで海への配慮が足りない。大川さんは、現状を歯がゆく感じているようだ。前に進むために大切なのは、足元にある礎をあらためて知ること。海を眺める大川さんの背中が、そう語っているように見えた。

大川さんの昆布を味わいたい方へ

残念ながら、生産者を指定して昆布を買うことはできませんが、大川さんなど尾札部の昆布を中心に仕入れ、販売しているところがあります。函館市の「道南伝統食品協同組合」と札幌市の「真昆布 佐吉や」では、だし昆布や昆布加工品を扱っています。詳しくはお問い合わせください。

〔 道南伝統食品協同組合 〕

TEL 0138-25-5403
FAX 0138-25-3590
http://www.dounan-konbu.org/

〔 真昆布 佐吉や 〕

札幌市中央区北3条西29丁目1-33
TEL 011-643-5059
FAX 011-643-5089
http://www.iisho.com/makonbu/

株式会社 カネテツ谷川水産

谷川哲也さん

〔1954年生まれ〕

海苔

サロマ湖は、多難の末に育まれた最北の海苔養殖の産地。一貫生産で種を守る谷川さん一家は、北海道で唯一の海苔漁師だ。酸処理をしない若い芽で漉く海苔は、磯香と甘みの余韻が静かに続く。

海の取材ほど読めないものはない。例え、陸が晴天であっても、波が高ければ出漁できない。その逆もあるし、状況が急に変わることもよくある。荒天が多い冬場の漁は特に悩ましい。いつ取材に行こうか、一種の賭けである。

この日もそうだった。前日には「明日の漁はない」と聞いて安心していたが、翌朝の電話は「状況が回復したので、今から行ってくるから」と……。船に同乗させてもらいたかったのだが致し方ない。

そんな訳で、初冬の佐呂間川の岸辺で、海苔漁から戻ってくる谷川哲也さんを待っていた。汽水湖では日本最大のサロマ湖は、日本最北の海苔の養殖地でもある。谷川さんは北海道で唯一、養殖から製造まで一貫生産する海苔漁師である。

黒々とした海苔を積んだ小さな船が船着き場に止まるや否や、「ちょっと待っててね」と、谷川さんたちはエンジンをかけたまま停めてあった軽トラックに乗り込んだ。エンジンをつけっぱなしで漁に出たのは、すぐに車内で暖を取るための知恵。そういうことだったのか。岸で待っている我々でさえ、着だるまになっても身を切る、いや身を引きちぎるほどの寒さに震えていた。何も遮るものがない湖上での漁、そして風をまともに受ける漁場までの往復は、いかばかりの寒さだったか想像もできない。

しばらくして、谷川さんは船から海苔を入れたカゴを降ろす作業を始めた。猛暑と時化《しけ》の影響を受けたこの年は、海苔の成長も遅く、漁も遅れ気味だったが、この日は18カゴ計700kgの収獲。

「出足が遅かったから心配したけど、まずまずだね」

そういって微笑んだ谷川さんだが、メガネについた水しぶきと海苔の葉が、過酷な漁を物語っていた。

「カネテツ谷川水産」は1961年、父親の哲康さんが岡山県から移住してきたことに始まる。サロマ湖を漁場にする常呂漁業協同組合からの要請で、海苔養殖の指導のため、10軒の海苔養殖漁師が志願しやって来た。

谷川さんは中学に上がったばかりの多感な年代

に、北海道に移り住んだことになる。当初は生活環境や言葉の違いに、カルチャーショックを受けたという。その中で、父親の仕事を手伝い、労苦を間近で見てきた。

　最初の10年は、岡山から海苔の種を持って来ての養殖だった。その間、サロマ湖に合う海苔の種をつくろうと試行錯誤してきたが、なかなかうまく運ばなかった。サロマ湖は瀬戸内海よりも格段に水温が低い。冬場でも海を利用できる瀬戸内に対して、1月～3月は結氷し、流氷の影響も受けるサロマ湖では、条件があまりに違いすぎた。根本的に養殖方法を見直すしかなかった。

「海苔は種のつくり方から始まり、どこを間違えてもうまく行かない。すべて見越して計算していかないと。難しいことなんです」

　と、哲康さんはいう。一緒に来た仲間は、次々と故郷へ引き揚げて行った。残る

は、谷川家ただ一軒だけ。

「なんで帰らなかったか？　そりゃあ、全員帰ると岡山県の面子に関わる。土地も屋敷も売り払ってこっちに来たから。骨を埋める覚悟で来たから。いいもんをつくらないと、ケリがつかないもんなぁ。面子がかかっているから」

昭和ひと桁生まれゆえの責任感もあったのだろう。瀬戸内漁師の誇りを賭け、乗り込んだ哲康さんの言葉は重い。

谷川家ではホタテ漁で生計を立てながら、暇を見つけては思いつく養殖方法を試してきた。ようやく低水温でも育つ海苔の種、養殖技術を確立。ここまで実に二十余年。その後もサロマ湖の環境に合う海苔づくりのため、研鑽を積んできた。故郷を遠く離れ、北の地に新たな技術を拓こうと尽力してきた谷川さん一家は、明治時代の開拓使と姿が重なる。

「理想の海苔は味が強くて艶が良く、やわらかいこと。時間は相当かかったけれど、かなりいいところまでは来ています。もうひと息。後は息子の代だね。あれがどこまで腕を上げるか」

と、期待を寄せる父。それに対し、息子はこう答える。

「一年に一回しかできない仕事だから、これでいいっていうことはない。物事みんなそうだけどね。常に研究する部分を残していかなきゃ。毎年新しいことを試しながら、より良いものをつくっていかなきゃね」

海苔の養殖は元気な種づくりが重要になる。谷川さんに解説してもらったが、それはまさに科学の世界だった。

その年に収穫した海苔をマイナス20度で保管。この温度帯でも海苔は生きているというから、すごい生命力だ。翌春に解凍。保温した海水を入れた水槽にホタテの貝殻を敷き、海苔を浮かせておくと、原藻の葉先から放出された胞子が貝に潜り込み、成長を続けて糸状体《しじょうたい》になる。8月中旬、熟成した糸状体の胞子を海苔網に付着させる。順調に育っているか否か、目に見えない胞子レベルの世界なので、この段階までは顕微鏡での観察が欠かせないという。

「漁師に見えないって、よくいわれるんだよね」

どこか大学教授を思わせる風貌は、海苔の仕事の多くの時間を、研究や観察に費やしているからかもしれない。

カウント

その後、サロマ湖に海苔網を張り、胞子の付着具合を確認しながら適度な干出を与え、珪藻など雑物が付くことを防ぎながら、増芽を促していく。秋から初冬にかけ、胞子は葉の状態に成長していく。

ようやく収獲が始まるのは10月末。一日1万枚、シーズンを通して最低でも20万枚をつくるため、風雪が強まる12月中旬までに、6000kgを摘み採らなければならない。湖とはいえ、初冬の荒天で漁に出られない日も少なくない。一日2往復しなければならない日もあるそうで、あまりの寒さに「二度目は心が折れそうになる」という。

「いくら着込んでも限界がある。ゴム手袋の中にカイロを貼っても、船の上では網を手繰ったり、海苔をカゴに詰めたりと、始終冷たい水を触っているから、手が動かなくなるのがつらくてね」

冒頭にも書いた、あの寒さを思い出し身震いした。

谷川さんの海苔は、「酸処理」をしていないことが大きな特徴だ。酸処理の目的は、病気を防ぐために雑藻類などを駆除したり、海苔の色艶を良くするために行う。酸性の液に網ごと浸し、再び海に戻す方法が一般的だ。畑でいえば、農薬のような存在だろうか。

「サロマ湖は水温が低いので、雑物が付着する期間が限られる。その間だけ気をつければいいので、無酸処理で育てられる。デメリットをメリットにしているんですよ。酸処理をすると、どうしても味も風味もなくなってね」

もうひとつ、1ヵ月半という短い採取期間もプラスになっている。味が良くやわらかな若い芽ばかりで、海苔づくりができるからだ。海苔は古葉になるほど味が落ちるといわれている。特に10月末〜11月初旬に摘んだ新芽は、手作業で天日干しにした「素干し海苔」になる。成型をしない、細長いままの海苔だが、これを味噌汁にひとつまみ放すと、もう最高である。四角い海苔は、それ以降の若芽でつくっていく。

個人的なことで恐縮だが、亡き父が寿司屋だった

こともあり、私は海苔にはちょいとうるさい。最近は黒い紙切れのような香りも素っ気もない海苔が増えているが、谷川さんの海苔は違う。ちゃんと磯の香りがするのだ。そして、やさしい甘みがじんわり広がる。特に焼いていない乾海苔は濃いほどの磯香。やわらかいのだがシャクシャクという小気味良い食感に、海苔が海藻であることを実感する。

磯の香りに包まれた製造現場を見せてもらった。採った海苔は、海水で満たした長さ25m程の浅い水槽に溜めておく。本格的な作業に入るのは翌日だ。まずは海苔を洗い、機械で細かく切断する。真水で洗った後、プラスチック製の簀子に薄く敷く。紙を漉くのと同じような要領だ。全自動の乾燥機で温風を当てる。風味を損なわないように温度は35度、高くても40度程度でゆっくりと順繰りと、乾燥させていく。簀子からはがせば、あの四角い海苔の出来上がり。冷蔵庫で保存し、注

文の度にさっと焼いてから出荷する。

谷川さんは工程の説明をする時、何度もこの言葉を口にする。

「海苔はまだ生きているんだ」

摘み採った海苔は、細胞が生きている。水槽で休ませる際、水が止まると海苔が弱るので、常に新鮮な海水を入れながら、水車の力で海水を回し続ける。まるで、流れるプールのようだ。工房に運ぶ時は、ポンプで汲み上げず、高低差を利用して水槽からパイプを通してカゴへと移す。

「工房では刻んだり、吸い上げたりと、機械仕事が多く海苔が傷みやすいから、その前はせめて動力は使わず作業をしたいと思ってね」

できたての乾燥海苔も、まだ生きているという。マイナス20度でも死なないたくましさをあらためて実感した。

それにしても、海苔ができるまでは、かくも長き時間と情熱を費やすものなのかと恐れ入った。

「手間ばっかりかかって、何でやってるんだろうねぇ」

谷川さんはいう。同じ話は、義理の息子の山内浩さんからも聞かれた。山内さんはそうはいいつつも、谷川さんと一緒に手を休めず懸命に働く。初代も2代目も、谷川水産の3代目に……と見こんでいるそうだ。

「こんな海苔は食べたことがないって、リピーターになってくれる人も多くて。これだからやめられなくてね」

谷川さんはこんな話もしてくれた。

「種は余分につくってあるんですよ。うち一軒しかないので、常にストックを考えていかないと。何かあって種が全滅しても、誰も助けてくれない。それが染みついちゃってるからね」

多難の時代を乗り越え、育んできたものは、決して絶やすことはできない。

「北海道で海苔は誰もやっていない。誰もやっていないことをやるのが、この仕事の面白さだよね。まぁ、今だからいえることなんだけどね。ほら、湖の色が変わってきたでしょ。この調子じゃ天気は下り坂。今朝のうちに漁に出ておいて良かったよ」

先駆者とは孤独なものだが、またそこが魅力であることも確かなようだ。

谷川さんの海苔を味わいたい方へ

海苔は通年販売していますが、売り切れ次第、その年の扱いは終了となります。谷川水産のＨＰより購入可能です。地方発送も可。連絡先と希望内容をファックスで連絡してください。札幌丸井今井「きたキッチン」、道の駅「サロマ湖」、道の駅「メルヘンの丘めまんべつ」の各売店でも販売しています。

〔 株式会社 カネテツ谷川水産 〕

FAX 01587-6-2809
http://www.saromakonori.com/

畑のつくりびと

代々続く農家もいれば、新規就農者もいる。
有機栽培農家もいれば、減農薬減化学肥料栽培の農家もいる。
つくる作物が異なれば、考え方もそれぞれである。
そこに共通していえることは、
歩いてきた道すべてが肥やしになり、
価値につながるということ。

中野ふぁ〜む

中野義治さん

〔1955年生まれ〕

なばな・菜種

なばな、菜の花、菜種。各々異なる作物だが、元は同じアブラナ科の植物。なかでも、国産菜種から搾る油は希少品だ。中野さん夫妻は自家栽培の菜種油に「育てて搾った中野の気持ち」という真っ直ぐな想いを添えた。

春が近づくと、人の味覚は苦味を求める。冬の間に鈍った細胞を苦味成分が目覚めさせるといわれている。フキノトウ、タケノコ、菜の花。どおりで春先は、ほろ苦さやえぐみを愛でる食材が多いのかと合点がいく。春の味は胎動の喜び。旬と人間のバイオリズムは不思議と合致するものである。

全国各地で春を感じる旬味はさまざまだが、冬が長い北海道では「雪割りなばな」は待ち遠しい芽吹きの味だ。なばな（菜花）と菜の花は似ているが、前者は蕾《つぼみ》がつく前の葉や茎を食べ、後者は蕾ごと味わう。どちらも植物の名前ではなく、アブラナの別名。ちなみに、アブラナは油脂作物として世界中で栽培され、菜種はその種子のことをいう。少々ややこしい植物である。

3月中旬、滝川市にある「中野ふあ〜む」のビニールハウスを覗くと、そこだけは

もう春だった。周囲はまだ真っ白な畑が広がっているのに、収穫を待つなばなのみずみずしい緑色が目に眩しい。

中野義治さんは極寒の2月、ハウスにビニールをかけるため、背丈ほど積もった雪を掘り起こす作業に忙殺される。雪の下に隠れているのは、越冬したなばな。秋のうちに種を蒔き、株を大きくしたものだ。久々に浴びる陽の光で、なばなは勢いよく成長する。なるほど。雪を割って育てる、この土地ならではの栽培方法をブランド名にしたとは名案。主産地の本州物は真冬から早春に流通するが、ＪＡたきかわなばな生産組合では、3月下旬～5月中旬が収獲期となる。病害虫が発生しない時期なので、無農薬栽培できる点もメリットである。

中野さんの妻・美規子さんが用意してくれた、雪割りなばなのおひたしをいただくと、甘みの強さに驚いた。根元に近いほど甘いのだ。しかも、全般的に茎が太いが、食感はやわらか。これらの特長は雪と寒さが育むのだという。

「越冬させ、雪割り後もしばれ（北海道でいう厳しい冷え込みの意味）に当たり、ハウスの中で昼夜の寒暖差があるため、成長が遅くじっくり甘みがのってくる。だからおいしいんですよ」

鉄分やカルシウムなど栄養も豊富。春の旬味らしいほろ苦さはなくても、体が目覚めるには十分なおいしさだ。

中野さんはなばなとは別に菜種の専用品種「キザキノナタネ」を育て、その油を搾っている。国産菜種100％の油が貴重な中、自家栽培かつ自家搾油は非常に希少である。商品名には、「育てて搾った中野の気持ち」という真っ直ぐな想いを添えた。ラベルには菜の花畑を彫った中野さんの木版画を使用。そういえば、おふたりの名刺も田園風景を描いた版画によるお手製。電話番号もメールアドレスも器用に彫られている。

「版画は趣味ではないのですが、中学2年からずっと年賀状を版画でつくっているので、今さら止められなくなっちゃってね。菜種油のラベルをつくる時も、デザイナーさんと名刺交換をしたら『中野さんが彫った版画を使おう』って話になって。飾らない、素人っぽさがあるほうがいいっていうんですよ」

確かに、ほのぼのとした温かさに、思わず手が伸びるボトルデザインだ。何よりも菜の花を思わせる、油のきれいな黄色が目を惹く。市販の菜種油には色が濃く重たいものが多いが、この油は対照的だ。サラリとしてとても軽やか。複数のナッツの香りがやさしく広がり、ほんのりと青草の香りも漂う。菜種の油というよりも、果汁と呼びたくなるほどだ。

1本840円。油がヘタりにくい特長はあるが、調理油に使うには少々もったいないお値段。サラダやカルパッチョ、冷奴など、エクストラバージンオリーブオイルのように使いたい油なのである。

搾油作業は美規子さんがひとり、農作業の合間にコツコツと行う。

「僕はちまちま油を搾る作業は不得意。妻に『やってくれる?』と聞いたら、『あなたがそういうならやります』っていうもんだから、任せています」

「そんなこといったかしら?」

丁々発止のやり取りが続く。こ

れまで何でもふたりで話し合って決めてきた。育てて搾った中野さんの気持ちは、「義治さんが育てて、美規子さんが搾った、中野家ふたりの気持ち」ということなのだろう。

自家栽培の菜種を搾り始めたのは7年前。美規子さんは搾油の知識ゼロからのスタートだった。自分なりに本を読み、知人にさまざまなことを聞き、搾り方をどんどん変え、工夫を重ねた。満足できる品質に落ち着いてきたのは、ほんの1～2年前だという。

菜種を効率よく搾油するには高温焙煎するのが一般的だが、風味を重視するため、蒸してから搾るのが中野流である。圧搾機で搾った油には、雑味の原因になる不純物が含まれているので、丁寧に丁寧にろ過をする。こう書いてしまうと単純作業に見えるかもしれないが、搾り方やろ過の仕方にはいくつもの工夫や工程がある。瓶詰めできるようになるまで1週間もかかる。製造工程の詳細も、美規子さんの顔写真も、企業秘密なのでお見せできないのが残念だが、単純に色や濃度を見比べても質の違いがよくわかる。つくり置きも大量生産もできない、家庭内手工業。

「たまたまです。できることをできる範囲で続けているだけ。結果オーライです。売れるのは嬉しいんですが、製造が追いつかなくて。農閑期でも遊びに行く暇がないん

FUJI TELEVISION

ですよ」

美規子さんは冗談めかしていうが、昔ながらの一番搾りの菜種油は、注文票が貯まる一方だ。


そもそも中野さんが菜種の栽培を始めたのには、いくつかの想いがあった。

減反、米からの転作を迫られた時代に、先代から家業を継いだ。当時は米のほか、小麦や蕎麦などをつくっていたが、畑のローテーションを考える中、可能性を感じたのが菜種だった。新しい農作物をつくり始める場合、播種機や収獲機などその作物に合った機械への投資が必要になるが、米、麦、蕎麦の専用機と兼用できることも、負担が少なく背中を押した。

「調べてみると、日本の油の自給率は極端に少ないことがわかって。菜種の自給率なんて、知っていますか？　わずか0・05%ですよ。輸入に頼っているんだなぁと思った

のが、一番興味を持ったところ。しかも、輸入の油脂植物でもっとも多いのが菜種で、それも遺伝子組み換えが多い。油だって薬品を使って搾っているのが現実ですよ」

少し補足しよう。日本の菜種は99％以上を輸入に依存。もっとも多い輸入先のカナダでは、遺伝子組み換え菜種が認められ、栽培面積の80％以上を占めるといわれている。その菜種で搾った油が、日本に広く浸透していることになる。ちなみに、アブラナ属の花は似通っているため、日本各地に菜の花畑があるように感じるが、これらは搾油用の菜種とは限らないのだ。

また一般的な食用油の製造過程では、菜種から少しでも多く油を搾り切るために有機溶剤を投入。工程を簡素化し、クセのない汎用性の高い油に精製するため、合成化学物質を使用するケースは珍しくない。

そんな状況に中野さんは奮起した。菜種を栽培すること、自分たちで油を搾ることの意味を伝えていきたい。明治時代は馬小屋だった建物を搾油所に改装。菜種の情報を発信する、学ぶ場としても使っている。

いざ菜種をつくってみると、病気に弱く、連作障害を起こしやすい作物だった。過去に菜種の栽培経験を持つ農業者に助言を乞い、土壌環境を整えることに力を入れた。限られた農地の中でどういうローテーションで輪作するか、その調整が一番大変だったという。栽培に気を遣う反面、菜種をつくった畑の後作は収量も上がり、地力増進につながることがわかった。特に小麦の輪作体系とぴったり合うとあって、生産者が一気に広がった。

当初、中野さんひとりで始めた菜種だが、２００７年には青森県横浜町を抜き、滝川市は日本一の作付け面積を誇るまでになった。広大な畑に5月下旬~6月下旬に咲く菜の花は、市の観光資源となるおまけまでついた。ＪＡたきかわでは２０１０年に菜種搾油施設をつくり、これまで他県に委託していた搾油を地元で始めた。菜種を核にした同様のプロジェクトは各地に広がり、作付け面積も徐々にではあるが伸びてきている。

「菜種を自立した作物にしたくて、無我夢中でやってきました。始めてみて何が良かったかというと、つながりが広がったこと。菜種は農家だけじゃなく、料理人や加工をしている人、消費者まで巻き込める力を持っているのがいいね。これまでの農業のやり方だと、儲けよう儲けようとするから後が続かなくなる。今は喜んでもらう商品をつくったら、利益は後からついてくる。どんな世界でもそうだと思うんですよね。そういうつながりを大切にしていきたいですね」

中野さんにこれからのことを訪ねると、こんな答えが返ってきた。

「目指すところは、自給自足と物々交換。そういう生活は豊かだなぁと、よくふたりで話をしています。チーズはあっちから、ワインはそっちから、うちからは油やゴマをってね」

菜種に続き、中野さんはゴマの栽培にも挑戦するという。ゴマも輸入依存度が高い作物だ。滝川市を含む近隣の空知地方の生産者や協力者が集まり、「空知ゴマネットワーク」を立ち上げた。自分たちで楽しみながら商品開発をしていくという。

「試食が楽しみだよね。仲間に和菓子屋さんがいるから、まずはお菓子をつくる予定。おはぎに使う量は無理だから、せいぜいゴマ団子からかな」

その先を待ち遠しく思う農業がそこにはある。まだ形には見えぬ香ばしいゴマの香りが、鼻をくすぐった。

中野さんの菜種油を味わいたい方へ

中野さんの自家栽培・自家搾油「育てて搾った中野の気持ち」は、製造に時間がかかるため、問い合わせ後、1週間以上の時間を要する場合があります。ご了承ください。商品の問い合わせは、電話またはファックスでお願いします。なお、雪割りなばなは例年3月下旬～5月中旬に収獲を予定。中野さんのなばなは直接購入できません。販売先はJAたきかわ菜の花館、滝川市内の量販店、道の駅滝川の直売所などがあります。

〔 中野ふあ～む 〕

TEL/FAX 0125-24-5167

※連絡時間などご配慮ください

農業生産法人　株式会社アスケン

八木響子さん

〔1956年生まれ〕

ホワイトアスパラガス

日本随一のホワイトアスパラガスの畑を仕切る八木さんは、農閑期には看護師として働いている。業種は違えど、どちらも命を支える仕事。アスパラのようにたくましく生きる、八木さんの奮闘記。

雪が積もった初冬の畑で、少しはにかみながら微笑むのは、八木響子さん。日本随一のホワイトアスパラガス（以下、ホワイトアスパラ）の畑を持ち、20名のスタッフを抱える農業生産法人の代表を務めている。

八木さんが今立っている場所は、来年から本格的に収獲が始まる新しい畑。アスパラの株は10年を超えると、商品に見合うサイズや本数が採れなくなる。株の新植にあたり、水はけが良くやわらかな、より土壌条件の良い畑を求めたのだという。

「ここは一等地で土がふっかふか。収穫する時も手が疲れない。火山灰地なので風が吹けば、堆肥を入れたせっかくの土もあっちこっち飛ぶのが難点だけどね」

飾らない真っ直ぐな人柄。春夏は畑と工場で過ごすが、秋冬は訪問看護師として飛び回る。合間にはきっちり主婦業と母親業もこなす。あまりにハードな日々が続き、畑に向かう途中に居眠り運転で側溝に落ちたという、危険な武勇伝を持つ。小さな体の一体どこにそんなパワーがあるのだろう。八木さんと話していて見えてくるのは、どんな状況をも楽しむ好奇心の強さ。そして、肝っ玉の大きさである。

季節を前に進めよう。

口の中に広がる芳醇な甘さ。そして、極わずかに感じるほろ苦さ。新緑の季節にだけ出会えるご馳走が、露地栽培のホワイトアスパラである。新千歳空港に近い追分（現・安平町）は、一級品が育つと評判の産地だ。

追分にあるアスケンの畑には、膝下くらいの高さがあるこんもりとした畝《うね》が幾筋も並んでいる。知らなければ、これから何か植え始めるのかと思うかもしれない。でも、この〝無〟の畑こそが、ホワイトアスパラの圃場なのだ。

アスパラの白色、緑色、ここ最近出ている紫色は、品種の違いはあれど、いずれも多年草であるアスパラガスの若芽を食す。太陽の下で育つ緑や紫に対して、太陽に当てずに土を寄せた中で真っ白に育つのがホワイトアスパラ。長い冬を地中でじっと耐え、春の気温上昇とともに一気に芽吹く。大地のパワーに満ちた野菜である。

収穫の様子は、まるで手品を見ているように鮮やかだ。

まずは畝伝いを歩きながら、わずかな「掘り頃サイン」を見つけていくのだが、これが至難の技。放射状の割れ目がサインだというが、素人目には土が乾いて単にひび割れているのか、判別が難しい。

次に、見つけた割れ目から目測し、柄の長い専用のノミを地中にザクっと突き刺す。手首をクイっと上げると、あら不思議。アスパラがひょいと顔を覗かせる。土から出てきたばかりのアスパラは、無垢な白さ。初めて浴びる陽の光に眩しそうに反射して、見惚れるほど美しい。

それにしても、目に見えないアスパラに傷をつけず、しかも長いサイズで掘り出すのだから、これはもう、熟練の技に拍手を送りたくなる。私も挑戦したことがあるが、結果は無残な状態に……。本当に難しい。

気温が上がるとアスパラはぐんぐん成長するので、1日に何度も畝を往復し、わずかな印を探し歩く。土から少しでも頭がのぞくと、ほんのり紫色に色づいてしまうので、アスパラとの追いかけっこ。腰をかがめる作業の連続。決して、機械化ができない手間仕事。あの味わいは、こうして得られるのだ。

ホワイトアスパラの収穫は、5月上旬〜6月下旬ととても短い。その後は畑の管理が待っている。

「大切なのは収獲後なんです。いかに根に栄養を戻し、株を大きくするか」

アスパラを覆っていた畝を崩し、太陽の光に当て、茎葉を繁茂させる。肥料もたっぷりと与える。日高の競走馬の馬糞を堆肥化し使っている。洒落るつもりはないが、馬力がつきそうな肥料だ。アスパラの根はまるで朝鮮人参のような形をしている。このごつい根で土の養分と、葉や茎で光合成をして得た栄養をしっかりと蓄積する。春先にもこの肥料を施し、再び土を寄せて高い畝をつくり、新しい命の芽吹きを待つ。

今度は時間を大きく戻してみたい。

八木さんがアスケンの代表を引き受けたのは、20年前。同社を立ち上げた父親が急逝したことから、人生は予想外の方向に大きく舵を切った。当時、八木さんは看護師をしていた。農業も商売も初めての経験。自分には荷が重いと突っぱねたが、状況がそれを許さなかった。

「悩んでいてもアスパラは次々出てくるんですよね」

もうやるしかなかった。

「看護や福祉の仕事は直接命に関わるという緊張感、責任感がありますが、商売にはまた違った難しさがありました」

アスケンでは缶詰工場に出荷する以外、すべて自主流通している。天気が悪いと収獲できず、出荷できるものがない。雨や低温が続くと、もうお手上げだ。しかし、先代からの大口契約先からは連日クレームの嵐。見えない電話の相手に向かって必死に頭を下げた。

「天候に左右されやすい作物とはいえ、そういう契約を交わしていたので、お叱りも当然のこと。それまで取り引きの責任を知らずに来たので、採れないものは仕方がない。そうとしか思っていなかったんですよね」

その出来事は結果として、商談についての良い勉強になったと、八木さんは懐かしそうに振り替える。

「精神的にもかなり鍛えられましたよ。おかげで社員が失敗をしても、命に関わらないこと、頭を下げて済むこと、お金で解決できることは、2回までなら私は笑っていられます」

葛藤の日々に戸惑いながら、この仕事を面白くも感じていた。毎年成長するアスパラが、子どものように思えてきた。無傷で長く掘り出す技術がついてくると、ますます楽しくなった。商談にも少しずつ慣れてきた。良いアスパラを目指して精進していくと、産地の事情に理解を示す心ある取り引き先との出会いも増えてきた。

「農業も商売も、今まで経験してきたこととは別の楽しさがあります。振込用紙の通信欄にメッセージをくださるお客様がいたり、味の感想を教えてくれるシェフがいたり、本当に皆さん温かくて。そんな出会いが元気の源ですね」

供給が追いつかないほど人気と信頼を得た現在のアスケンだが、アスパラ仕事が落ち着く秋冬になると、八木さんは高齢者への訪問看護の仕事に戻る。自分が志した仕事でもあり、今は継続的に看ることはできなくても、ケアしている高齢者のことは常に気にかかっている。「八木さんじゃなきゃ」という声も多い。特に義理の両親を在宅で看取った経験から、介護する側のフォローも深くできるようになった。

「この人はどんな終末を迎えたいのだろう、って考えています。そのためにすべきリハビリやケアが見えてくる。いろいろな経験を積んで、もっと良い看護ができるのではと思うんですよね」

何ごとにも手を抜かず、まっしぐら。看護師モード全開の八木さんは、春が近づいても、気持ちをうまくアスパラへとシフトできず、「今年こそ畑を辞めよう」と、毎年のように思い悩むという。しかし、アスパラの芽は待ってくれないし、季節労働とはいえまちの雇用を支えている自負もある。そんな葛藤が、心のスイッチをポンと押してくれるのだろう。切り替われば後は早い。精一杯、全力疾走の人なのだから。

最近はホワイトアスパラを缶詰だけではなく、野菜として楽しむ機会が増えている。そんな需要に応えようと簡便な栽培法ができ、新規参入の生産者が増えている。ビニールハウスを遮光資材で覆い、土の中と同じ真っ暗な状態にすることで、培土をしない平らな畑でアスパラが白く育つので、収獲の手間がぐっと減る。また、この方法でハウス内を加温すれば、冬でも栽培が可能になる。「商機を逃さず農家が潤うことは大切」と前置きした上で、露地・土耕栽培一貫の八木さんはこう話す。

「家の中で過ごす高齢者は、食生活で季節を感じることが多くて、うちのホワイトアスパラが出るのを楽しみに待っていてくれるんですよ。おいしいものを食べることは、楽しいこと。そこには生きている喜びがあるように思います。だから、旬の味を大切にし続けていきたい。そう思うんです」

春夏と秋冬。業種は違えど命を支える仕事に関わる、八木さんならではの言葉である。

アスケンでは、畝に遮光フィルムを敷く新たな技術を試している。遮光といっても、これまでの土耕栽培と方法は変わらない。ホワイトアスパラは土から少しでも出ると、穂先がたちまち変色してしまう。ピーク時は10名のベテランが畑を回っても、その成長に追いつかない場合も多い。真っ白なアスパラこそ、生産者のプライド。日傘替わ

りにフィルムを敷くことで、それを回避できるのだ。

「うちの畑のスタッフは60代後半が多く、年々体力がきつくなる。気持ちが急かされるのもかわいそうだし、真っ白なアスパラが多く採れるのはこちらも嬉しい」

畑からの帰り道、八木さんは嬉しそうに話を続ける。

「いよいよ次男が高校を卒業するので、私も母親業を離れられるんですよ」

八木さんは早朝から畑でひと働きし、一旦家に戻って弁当をつくる。再び畑へ、また選別、発送作業のため工場に出かけていた。夜も明けぬうちからつくり置いた弁当では、かわいそうだという母心。母とはつくづく有難いものだ。

「今年は時間に縛られずバリバリ働けるぞって。そういう自分が楽しみなんです。もう畑に住んじゃおうかなって」

豪快に笑う八木さんは、しなやかに真っ直ぐ芽吹くアスパラのようである。性分とはいえ、どうぞくれぐれもお身体ご自愛のほどを。

八木さんのホワイトアスパラガスを味わいたい方へ

例年5月上旬から採れ始め、6月下旬まで収獲できる予定ですが、天候に左右されやすい作物のため、状況によっては早目に地方発送を打ち切ることがあります。発送希望の場合は、連絡先と希望重量（1kg、1.5kg）を書いて、まずはファックスで連絡してください。

〔 農業生産法人　株式会社アスケン 〕

FAX 0145-25-2791

http://www2.ocn.ne.jp/~asken/

（HPから注文可能）

KIORITZ

中屋農園

中屋栄吉さん

〔1933年生まれ〕

グリーンアスパラガス

農業だけでは食べて行けなかった時代を乗り越え、アスパラ専業農家に。人生の年輪を深く刻んだ苦労人は、柔軟な発想の人でもあった。甘くてジューシーなアスパラの秘密は、鮭のほっちゃれともみ殻!?

この人がつくるものはきっとおいしい。そう直感させる料理人の顔があるように、生産者の中にも同じ雰囲気を持つ人がいる。グリーンアスパラガス（以下、アスパラ）農家の中屋栄吉さんも、そんなおひとり。御年77歳。小柄だがしゃんと伸びた背筋。節くれ立ったゴツイ働き者の手。目尻に深く刻まれた人生の年輪。何より、この笑顔がいい。笑顔とは、その人の人となりを表すものだとつくづく思う。

北海道でも指折りの豪雪地帯に位置する蘭越町。ニセコ連峰に囲まれた盆地で、高品質米と温泉で知られる農村だ。青々と広がる水田を抜け、山側にぐんぐん進んでいくと、「中屋農園」が見えてくる。

中屋さんちの収獲風景は独特だ。プラスチックのソリから伸びる紐を腰に結え、畝の間を収獲して歩く。腰をかがめながら鎌で1本1本刈り取ってはソリに載せる。なるほど。グリーンアスパラといえど、畝1つ往復すると相当な収獲量になる。手つきのカゴに入れて持ち歩くよりも、ずっと労働効率がいい。中屋さんはアイデアの人である。

太くて重量があるのに、茎のつけ根まで柔らかくて甘い。これが、中屋さんちのアスパラの特長。刈りたては切り口から汁が溢れ、したたり落ちるほどジューシー。これを舐めると、清々しい甘さと香りがふぅわりと広がる。

「アスパラはね、水を売っているようなもんさ」

店頭のアスパラを見てもそう思わないが、こうやって畑に立つと、その例えがしっくりとくる。今でこそアスパラを専業に栽培しているが、先代が残してくれた土地は、ひどく痩せた農地だったという。粘土質なので、雨が降れば水が走り、乾けば固すぎてこなれない。当初はジャガイモ、カボチャなどをつくっていたが、収獲はわずか。同じ町内でも稲作地帯とは土壌の質が大きく違っていた。

育ち盛りの子どもを抱え、家族を食べさせていくには、妻のトキ子さんに畑を任せ、自分は山の仕事（造材業）で稼がざるを得ない日々が続いたという。そんな中、40代を目前にして新たな挑戦を試みる。アスパラを植えてみることにしたのだ。

「財布にぜんこ（お金）が残るのは、アスパラだっていわれてさ」

稲作や畑作は毎年種や苗を植え、収獲までの作業が多い。一方のアスパラは株を植え、収穫できるのは3年目からだが、10年以上株を植え替える必要はない。地上の葉茎が枯れても、地中の根は雪の下でじっと生き続け、翌春に新しい若芽を次々と芽吹く。収獲は手作業だが、朝と晩だけ刈り取ればいい。これなら、山の仕事をしながらできるかもしれない。何より、高く買い取ってもらえるのがいい。当時の中屋家には、十分すぎるほど魅力的な作物に映ったのだろう。

アスパラづくりの少し前からは、土壌改良も試みていた。

「痩せ畑でも、ここは気候がいい。あったかくてね。土壌改良さえ上手くいけば、この場所でもいける。そう思ったのさ」

アスパラの根は、朝鮮人参にそっくりだ。たくましい根で、土の栄養を吸い上げてエネルギーを蓄える。「畑の豚」とも「肥料食い」とも呼ばれるアスパラは、特に地力が生命線である。

そのためには畑に堆肥を入れ、徐々に土に力をつけていくのが確実な方法。人間でいえば、ドリンク剤やサプリメントの瞬発力に頼らず、日々の食事を見直して体質から改善を図っていくのと同じ。いかに地道な努力が必要か。

土壌改良には相当量の堆肥を何年もかけて施肥するため、いちいち堆肥を買っていては費用が膨らみすぎる。そこで、もみ殻を発酵熟成させて堆肥をつくることにした。米処ゆえ、稲作農家からもみ殻をもらい受けるのは難しくはないが、そのままでは腐りにくい。問題は何を使って発酵させるか、だった。

そんな時、隣町にある鮭の孵化場から声がかかった。

「採卵後のほっちゃれを使ってみないか」

ほっちゃれとは、産卵後の鮭のこと。遡上のためヨレヨレになった産卵間近の鮭をそう呼ぶ場合もある。食べられないことはないが、端的にいえばマズイ。北海道ではまず食用にしない。中屋さんはトラックで2台分のほっちゃれを引き受け、もみ殻と一緒に野積みにし、様子を見ることにした。

「最初は半信半疑。腐った鮭の臭いで、通行人に迷惑にならなきゃいいと思っていたけれど、混ぜてみたらこれがいい匂い。上手く発酵が進んで、ぽっぽぽっぽと温かくてさ。キツネも野良猫も、もみ殻を掘っては鮭を取って食べているんだもの。よっぽど旨かったんだろうさ」

今でもアスパラ畑の向かい側には堆肥の山がある。土の山にしか見えないが、近づいても嫌な臭いはまったくしない。鮭の姿形はなく、茶色く柔らかくなったもみ殻があるだけ。触るとほんのり温かい。この特製堆肥を毎春、畑に鋤《す》き込むようになり、年を追うごとに土が豊かになったという。中屋さんちの畑がふかふかなのは、大地の幸と海の幸の出会いのおかげなのである。

約20年間に渡る土壌改良の試行錯誤で、畑全体に十分な地力を蓄えた中屋農園は、1990年にアスパラ栽培専業の農家になった。自分もアスパラに専念しようと考えていた中屋さんだが、経済状況からそうもいかず、62歳の時に山の仕事を辞め、ようやく農家一本となった。

さて、山を降りてからは、「立茎《りっけい》栽培」とも呼ばれる「長期採り栽培」に挑んだ。一般的な露地栽培では、収穫期は5月〜6月末、長いところで7月初旬までが精一杯だが、この方法だと7月下旬まで収穫が可能になる。

元々は九州で始まった栽培法で、中屋さんは現地まで視察に出かけ、それを北海道流に工夫した。露地での収獲を早目に切り上げ、アスパラの芽を1m以上の茎に成長させ、1株4本の茎ごとに紐で括ると、それが親茎となり脇からさらに新芽が出る。夏場の収量を上げるほか、秋に立ち枯れる葉茎の栄養をまっすぐ根に戻す目的もあるという。

春はまばらに屹立したアスパラが土の色に負け、何とも殺風景な畑に見えるが、夏は風景が一変。人の背丈まで伸びた立茎栽培のアスパラは、ふわふわと柔らかく華奢な小枝や葉を茂らせている。なかには、淡い黄緑色の花や赤い実をつけたものまである。アスパラは江戸時代、観葉植物として渡来したという話を、ふと思い出した。

アスパラに専念した中屋さんはさ

らに、年金の半分をつぎ込み、ハウス栽培も開始した。こちらも見事成功。9月末頃まで収獲が可能になり、収獲量が増えた。最近では、グリーンアスパラのほかに、紫色のアスパラ品種、ホワイトアスパラの栽培にも乗り出し、順調そうである。

いずれも中屋さんが60歳を過ぎてから、それも独学で挑戦し、成功を収めたものばかり。何という行動力。頭が下がる思いである。

「俺は60を過ぎてから、本も新聞も読むようになったんだ」

少し誇らしげにいう。子どもの頃、父親の手伝いを優先し、小学校6年間のうち半分しか学校に通えなかった、と教えてくれた。そんな時代だったのである。

「うちのじいちゃんは、脳が若いよ」

出稼ぎに出ていた中屋さんに代わり、畑を守り、販路を開拓してきた娘の弘子さんは、そういって感心する。いいと思ったことはすぐに実践する。そして、途中で立ち止まることもできる。自分の考えに頑なになってしまいがちな年齢ではあるが、とても柔軟だ。

農家の2代目に生まれ、農家外収入が家計の主体だった悔しい想いもあるだろう。でも、ほかの仕事を経験している分、視点や考えがフラットなのかもしれない。不便なことをどう補えるか。アイデア勝負。ソリを使った収獲もそうだし、アスパラを選

別する機械も作業用の重機も、使い勝手が良くなるよう自らカスタマイズする。農業を大いに楽しんでいる。

「人をあっと言わせるようなことをやるのが、昔から好きなのさ」

中屋さんとは10年以上のお付き合いになるが、お会いする度に新しいことをしている。話を聞いていると元気をもらえる。だからまた、お邪魔したくなる。決して、甘露なアスパラだけが目当てなわけではない。

「年金で静かに暮らすこともできるけれど、俺の人生は二毛作だから。採ってハイ終わりの農業じゃなくて、来年以降のことを考えた農業をやっていきたいのさ。孫と一緒に畑をやりたいから」

孝行孫の弘志くんは、小学校5年生の時に農業を継ぐと決めた。農業系の高校を卒業し、1年間の海外留学を終え、今年からじいちゃんと共に畑に立つという。

「もっといいアスパラが採れるように、孫といろいろ試しているんだ。その株がそろそろ収獲できるのさ」

そういってとびきりの笑顔をこちらに向ける。今年の春採りアスパラは、ひと味もふた味も違う。そんな予感がする。

中屋さんのグリーンアスパラガスを味わいたい方へ

　中屋さんのグリーンアスパラガスは、例年5月下旬〜7月下旬にかけて主に出荷。地方発送も可能です。また、有機・特別栽培野菜専門店「アンの店」でも取り扱いがあります。店頭販売のほか、地方発送、オンラインショップから取り寄せも可能。

〔 中屋農園 〕

TEL/FAX 0136-56-2267
※連絡時間などご配慮ください

〔 アンの店 〕

札幌市白石区本通4丁目南1-13
TEL 011-863-9373
FAX 011-863-9785
http://www1.enekoshop.jp/shop/anne-shop/

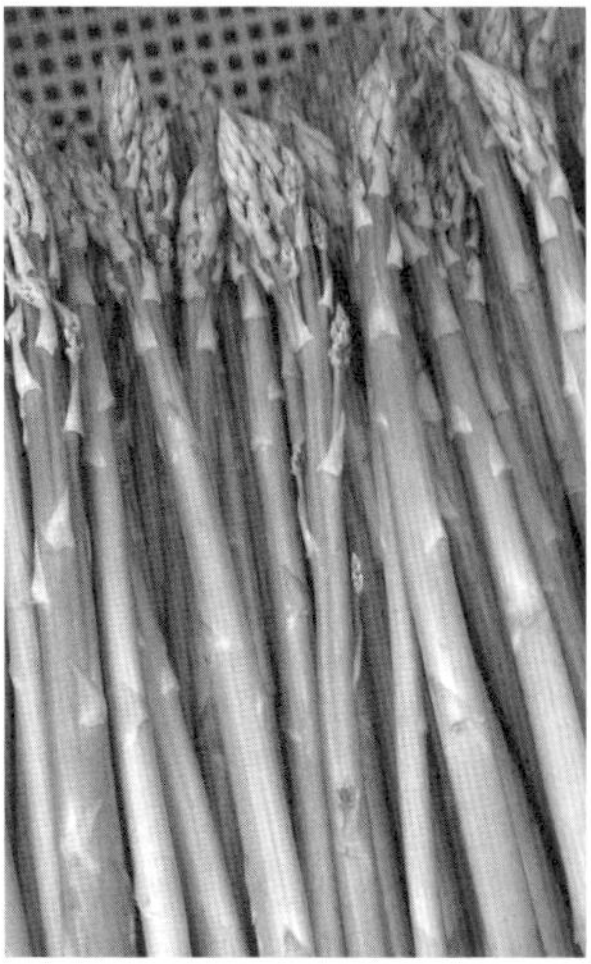

ソガイ農園

曽我井陽充《はるみつ》さん

〔1973年生まれ〕

トマト

太陽のような人がつくるトマトは、味の輪郭がくっきりとした男トマト。より自然に近い環境で栽培する農作物を通し、自然の大切さ、農業が持つ可能性を発信中。

こんな風に楽しそうに働く人を見るのは、久しぶりな気がする。トマトを収穫する時でさえ、真剣な表情ながらどこか楽しそう。自然とにじみ出る温かさが、太陽のような人である。

曽我井陽充さん、36歳。彼の経歴は異色だ。元プロスノーボーダー。有機JAS認定農園「ソガイ農園」5代目。クリエイティブ集団「シゼントトモニイキルコト」エグゼクティブプロデューサー。肩書を見ただけでも、何か面白いことをやってくれそう。北海道の農業は今、アンダー40が元気である。

北海道の南部に位置する農業と酪農業のまち、今金町。稲作と畑作を営む農家の長男に生まれた曽我井さんは、農業を継ぐ気はまったくなく育ったという。多感な10代は、ちょうどバブル全盛期。休みらしい休みもなく、土にまみれ働く親の姿に感謝はしつつも、テレビに映る華やかな世界と比べると、どこか見劣りするように感じていた。

地元を離れ、システム・エンジニアを目指して進学。大学でスノーボードと出会い、イタリアのブランドと選手契約を結んだ。卒業後は国内外で活動。大会に出場したり、商品開発に向けテスト滑走したり、ビデオやスチール撮影でパフォーマンスをしたりと、一年を通して太陽の下で生活していた。

「太陽があって、風があって、雪があって。自然と共に暮らすライフスタイルっていいなぁと、改めて教えてくれたのがスノーボードでした」

そこから農業への捉え方も変わっていった。農業こそ、常に自然と共存するライフスタイルの基本。それって格好いいことじゃないか、と。

「プロスノーボーダーとして現役を退いたら、農業でも……」

そう考えていた時に、父親が他界。26歳で実家に戻ることになった。当時は専門用語さえ知らない状態で、農業の知識は真っ白。周りの先輩に協力を求めながら、農業人生をスタートさせた。

曽我井さんが最初に戸惑ったのは、農薬を使う量だったという。

「直接口に入るミニトマトに、こんなに薬をかけるの？　と思ったんです」

そのラベルには使用から数日で食べられる旨、但し書きがあったが、どこか腑に落ちない。ざらっとした違和感を覚えた。既存の流れに頼らず、本当の意味で一所懸命つくったものを出荷したい。日々農作業する中、その想いが強くなっていったという。まずは農薬を減らすことから始めた。木酢液など自然由来の調整剤で害虫対策をしたり、味を追及しようと、有機肥料をつくって土づくりもした。作物について徹底的に勉強もした。

「わかったことは、慣行栽培はその作物だけを育てることに特化した農法。それに対して、有機栽培は作物をつくるだけではなく、周りの環境バランスを整えていくのが目的の農業。まさに僕がやりたかったこと。そこが大事だと気づいたんです」

就農5年目、曽我井さんはすべての農作物を有機栽培にシフトした。

ソガイ農園では30種類のミニトマトをつくっている。味の輪郭がしっかりしたトマトで、初めてトマトジュースを飲んだ時の衝撃は、今でも忘れられない。濃度も甘味も旨味も、すべて濃厚。それでも酸味がちゃんとあるので飽きが来ない。曽我井さんとつきあいのあるこだわりの八百屋さん曰く「ありゃ麻薬だね」。それくらいクセに

なる味ということだ。

栽培の本丸、ビニールハウスに入ると、施設内に満ちたトマトの濃い香りに圧倒される。樹の上で完熟したトマトは、ヘタにも果肉にもうぶ毛がみっしり。うぶ毛と呼ぶには、少々立派すぎるかもしれない。思わずひとつ採って口に入れると、引き締まった果肉からぶわっと旨味が広がる。取材した年は雨が多く暑すぎたせいか、いつものポテンシャルには及ばないが、力強い〝男トマト〟の味は健在だった。

曽我井さんは、「不耕起栽培」という農法でトマトをつくっている。

「読んで字のごとく、耕さないということですか」

「そうです」

「耕さないと、苗を植えられないんじゃないですか」

「植えないんです」

頭に疑問符がいくつも浮かぶ。まるで禅問答。

「うちのトマトは半分が市販の種、もう半分は種を自家採取しています。種から苗を育て、ポット（育苗用の簡易植木鉢）から取り出し畑に置くだけ。掘って埋めることはしません。根が自然と土を探して、土の中に入っていくものなんです」

樹の根元を見ると、確かにポットから出た根が土に刺さり込んでいる。しかも、通常の樹や根よりも太いような気がする。

「生きものは優れたＤＮＡを残すために生きていると思うんです。生命力をフルに引き出してあげれば、作物も自ら一番良い状態で成長してくれる。なので、うちのトマトも自分でガシッと根を張るんです」

ほー。現場を見ていなければ、にわかに信じられない話だが、その状態を目の当たりにして、妙にすとんと納得してしまった。では、耕さない理由は何だろう。

「山の中では、植物の種が落ちて自然と育ちますよね。土を耕すのは微生物だったり、ミミズだったり、バクテリアだったり。草が根を張れば土は柔らかくなり、通気性や保水性も高まるんです」

畑を山に近づけたい。曽我井さんの話は、そういっているように聞こえる。

「うちは土の養分になる有機物は、堆肥にしたり畑に鋤《す》き込んだりせず、土の上に敷くだけです。ミルフィーユ状に重ねていくと、地表に近い層から微生物が自分のペースで分解していく。一番理に適っていると思うんです」

畑を見まわすと、もみ殻や稲わら、ウニの殻まである。秋は拾ってきた落ち葉を敷くという。すべてこの土地にあるもの、採れるもの。土地の記憶が種に刻まれ、より風土に合ったDNAが受け継がれていく。

一方で、ジレンマもある。多湿な日本ではハウス栽培で水分をコントロールしなければ、おいしいといってもらえるトマトは育ちにくい。

「ハウス自体が自然の状態ではないし、密集して栽培することも自然なことではない。その中でも、より自然に近い環境をつくる。そのバランスを整えるのが、僕らの役割。エゴと理想の葛藤ですよ」

山が近いせいか、ソガイ農園を歩いていると、鳥のさえずりが耳に心地良い。

「田んぼの中に入って雑草を取っている時、鳥の声や風の音を聴きながら、すごくフラットな状態でものごとを考えられるんです。その時間が楽しくて」

情報化社会に生きる現代人は、頭も心もフラットな状態でいられることはあるのだろうか。下手をすると、寝ている間さえストレスを感じているのかもしれない。

「いろんな情報を持っていると便利だし、たくさんの情報を得ることは大事だと思う。だけど、それをどう思うのか、どう感じるのか、自分の中で処理する時間が今の人はないんじゃないかな」

胸にチクリと来た。本当にその通りだ。

「五感や第六感で感じられるものが、自然の中には残っているんですよ。消費する欲求は人間だからしょうがないけれど、それ以外の楽しみ方もある。農業を通して、そこを伝えていきたいんですよ」

農家は単に農作物をつくるだけではない。その土地の利を知り、その土地の自然と共存するクリ

エーターでなければならない。自然の大切さ、農業が持つ可能性や役割を発信しようと、曽我井さんは「シゼントトモニイキルコト」というプロジェクトを立ち上げた。農業者はもちろん、アパレル、映像作家、DJ、写真家など、さまざまな表現者たちが参加している。

プロジェクト名をあえて読みにくい片仮名で表したのも、パッケージデザインに凝った農産加工品を手がけるのも、すべて農業、そして自然と共存するライフスタイルへ関心を向けてもらうため。講演会やマルシェなど、農園を飛び出して活動するのも、そのためのフックと考えている。

ピアスにタトゥー、茶髪。農村の高齢化はどこ吹く風とばかり、ソガイ農園には若い農業実習生、来園者が実に多い。何気なく農園に遊びに来た人が、自然や農業に魅せられる。一度来た人はリピーターになり、さらに住み込みの農業実習生として働くようになる。その友達が遊びに来て、その人もまた……という風に輪が広がる。なかには、本州のハローワークの勧めでここに来た人もいる。

「農業いいっすねぇ」

「将来、こんな風に農業をやりたくて」

一様に目を輝かせて話す彼らの夢に触れ、思わず「頑張ってね」と声をかけた。道のりは決して平坦ではないが、きっと彼らの想いは地域に活力をもたらしてくれる。

こんな風に曽我井さんの想いは、着実に多くの人の心に届いている。

「ビジネスという部分ではしっかり考え、農業をやっていかなければならないと思っています。それだけではなく、農業は英語でいうとアグリカルチャー。このカルチャー（文化）の部分を大切にしていきたい。農業の本質をもっと追究していきたいですね」

曽我井さんのトマトを味わいたい方へ

ミニトマトは30種類を栽培。例年7月初旬～12月初旬までが収獲時期ですが、おすすめは夏～秋にかけて。トマトは地方発送可能です。トマトジュースなどトマトの加工品はホームページから通年取り寄せできます。

〔ソガイ農園(シゼントトモニイキルコト)〕

今金町神丘1033番地
FAX 0137－82－2235
http://www.farming.jp/
harumitsu@farming.jp

ファームウメムラ

梅村　拓さん〔1968年生まれ〕

梅村泰子さん〔1968年生まれ〕

インカのめざめ

適期・適量・適所、そして自然に逆らわないこと。明瞭簡潔なことほど、実践するのは難しい。研究者だった父の遺志を継ぐべく、新規就農した梅村さん夫妻。完熟した小粒の芋には親子二代の想いが込められている。

何のために農業を志すのか。そこにはさまざまな大義名分がある。梅村拓さん、泰子さん夫妻にとってのそれは、父の想いを形にするためだという。

父の想いとはいえ、拓さんの父親は農業者ではない。故・梅村芳樹さんは、北海道農業試験場（現・北海道農業研究センター）で、野菜の品種育種に携わってきた農学博士。世界の芋事情に精通し、特にジャガイモとサツマイモの品種開発に力を尽くした、〝ジャガイモ博士〟と呼ばれた人物だ。キタアカリやインカのめざめの産みの親ともいえる、育種担当者のひとりだった。

芳樹さんはとことん現場主義の学者だった。拓さんが物心ついた頃には、家庭菜園と呼ぶには相当広い畑を持ち、独自の農業論を実践していた。

「『私がつくったジャガイモは、あなたがつくったものよりおいしいでしょ』といって、よく農家の人に嫌な顔をされていましたね」

と、拓さんがいい、泰子さんも笑顔で続ける。

「どんな商売敵であろうと、親身に指導しちゃう。お父さんにとって、立場は関係ないんです。正しいと思うことはみんなに伝えたい。『農家は自分のことじゃなく、消費者のことを考えるべき』っていっていましたから」

本当にそういう人だった。いつも笑顔を絶やさず、楽しいことも厳しいことも、ニコニコしながらいう人だった。

そんなある日、芳樹さんが心筋梗塞で倒れた。

「親父のつくった野菜がもう食べられなくなる。そう思うと居ても立ってもいられなくなり、農業を教えてくださいって、病室で親父に頭を下げていました」

その当時、拓さんは食品会社でスープの開発をしていた。仕事は順調で楽しかったし、農業にはこれっぽっちも興味はなかった。しかし、病床の父親を見た時に、思わずそんな言葉が口からついて出たという。

「会社に長くいる人ではないと思っていたので、辞めると聞いた時にはやっぱりと思いましたが、まさか農業とは。お父さんの意志を継ぎたいといったことにもびっくりで。でも、彼にそういう気持ちがあったとわかって嬉しかった。お父さんが抱えていた農業に対するジレンマみたいなものを、私たちが実践することで証明できたらいいかな、と思っていました」

泰子さんの賛同も得られ、本格的な農業研修を終えた２００５年、千歳市に新規就農した。そこには誰よりも嬉々とした芳樹さんの姿があった。約2年間、息子夫婦の仕事ぶりを見守って、旅立って行った。

「値段は上げちゃいけない。農家は市場の価格で動くものだ。いくらおいしいものでも、ジャガイモに高い値段をつけることは良しとしません」

亡くなる直前まで、このことを言い続けていたという。


「ファームウメムラ」は、70種類もの作物を栽培している。その多くは西洋野菜とハーブ。根セロリ、ルバーブ、アーティチョークなど、一般には流通しないものが多く、料理人や青果店に支持されている。面積で一番大きいのは、やはりジャガイモ。なかでも、インカのめざめは農場の看板作物である。

秋晴れの日に畑にお邪魔すると、収穫の真っ只中。その上を自衛隊機が爆音を轟かせ、飛行機雲を描いていく。基地のまちでは日常の光景だ。

4・7ヘクタールの面積のうち、常に4分の1は何もつくらず土を休ませ、地力を蓄えている。自然界の植物が親の屍を肥やしに育つように、そこに生えた雑草を鋤《す》き込んで肥料にしているという。ここで育てる作物は減農薬減化学肥料で栽培。肥料、農薬は極力使わないが、必要な時はその分だけ使うというシンプルな考え。畑に入ると、柔らかい土の感触が足元から伝わってくる。

「インカのめざめは早生《わせ》品種なので、夏のうちに収獲は終わるものですが、うちは手が回らないから、この時期になってもまだやっていますよ」

農作業はすべて夫婦で行っているが、人手がいる芋掘りだけは手伝いを頼んでいる。仕事を見ていると、みんな拾い方が丁寧だ。小さな機械で掘り起こした芋を、一個一個手に取って確認して選別していく。機械で起こすので多少傷がつくもの、また少し病気になったもの、太陽に当たって青くなったものがあるので、それらをじっくり見分けはじいていく。

「たかが芋ですが、食べものですから、扱いは丁寧にしています。うちは学校のレクで子どもたちがよく来るんですが、最初のうちは芋を投げて遊ぶんですよ。『石じゃ

なく赤ちゃんみたいに扱え』って、注意するとちゃんと聞いてくれる。ものをいわないから丁寧に見る。赤ちゃんと一緒です」

ものをいわぬ作物を丁寧に観察する、扱う。まさにこの言葉は、農場のテーマみたいなものである。

若い苗に土寄せをする時には、あえて夕方になってから作業に入る。土寄せとは、これから育つジャガイモが地上に顔を出さないように苗の根元に土を盛って畝を高くすることをいう。日中は太陽を浴びようと葉は開いているが、夕方には葉を閉じて就眠運動に入る。葉に土がかかると株が傷んでしまうため、この時間を選んで土寄せをするのだ。

6月下旬からは、1ヘクタールの芋畑を毎朝欠かさずに歩く。雑草を抜きながら、ジャガイモ疫病を発症していないか、葉を丹念にチェックするのだ。

「うちは病気の予防はしません。疫病はかかりやすい病気ですが、1回でもかける薬は減らしたいんです。いかに遅く散布し、早く切り上げるか。そのために発症の気配を見逃さず、必要最小限の治療をすることに重きを置いています」

毎年決まった時期、決まった回数だけ予防の農薬を散布して……と、暦で動くのではなく、常に目を配り、その時の状態に合わせて対処するのだ。

実は就農1年目に、疫病でジャガイモを全滅させた苦い経験がある。気づいた時には畑は30メートルにも渡って陥没。後から薬を使っても手遅れだった。

「親父は失敗から学べというタイプ。まだ存命中だったけれど、疫病に気づいても、何も教えてくれなかったんですよ。ひどいでしょ」

「しかも、失敗が1年目で良かったじゃないかって。2度としなきゃいい話だからって。そこから何を学ぶかが大事だっていっていましたね」

ふたりが守る芳樹さんの教えは、実に明瞭簡潔。「自然に逆らわないこと」だという。

「まずは適期。どんな作業にもそれぞれ適期があるので、その時期を逃さないこと。次に適量。肥料にしても薬にしても野菜が欲しがっている量を守ること。さらに適所。その地域に合う野菜をつくること。無理に加温して収穫時期を早めたり、大きくしよう多く採ろうと肥料を使ったりしても、おいしい野菜はできない。確かにその通りですが、これを実践するのは難しいんです」

インカのめざめは、栗のように黄色く甘みのある品種。元々小粒な芋だが、ファームウメムラのインカは流通品より小ぶりなサイズが多い。

適期の話でいえば、収穫のタイミングも重要だ。畑で葉や茎が自然と枯れるまで収獲はしない。葉が青々としているうちは、葉がつくる養分がまだジャガイモに戻っていない状態だという。

「枯れるまで待つと芋が完熟し、おいしく仕上がります。ただ、表面がざらつくので見た目が良くありません。でも、これが完熟の証なんです」

このジャガイモを出荷すると、サイズも見た目も規格外の扱いになり、金額も折り合わない。適期・適量・適所、自然に逆らわずつくると、流通が定めた規格からははずれてしまう。そうなると、自主流通するしか道はない。野菜の詰め合わせを個人客に発送したり、夏と秋の日曜日は畑を一般開放。畑の解説、野菜の調理法などを説明しながら作物を販売している。

就農してから6年目が過ぎたが、毎年のように「これはマズイ」と思う大小の危機が試練のようにある。なかでも、5年目は農業存続の岐路に立たされた。農地を買わなければ、今後賃借はしないと地主に迫られたのだ。梅村さん夫妻は就農時から金銭的負担を軽減しようと、土地を借りて農業することに決めていた。小規模経営で就農期間もまだ短く、冬はアルバイトをしているふたりに資金の余裕はない。農地は転用が難しいため不動産といえど担保には不向きで、一般の銀行では融資を渋るのが現状だ。八方ふさがりの中、ある金融機関の担当者が救いの手を差し伸べてくれた。

「過去の実績より、未来を見ましょう」

決め手になったのは、ファームウメムラのブログだった。農園のブログには作物のたくましさ、訪れた人や家族の写真など、農場の毎日が綴られていた。特に梅村家の子どもたちの楽しそうな表情を見て、こう話したという。

「こんなにも笑顔が溢れる農業という仕事に夢を託してみたくなった」

今までやってきたことに間違いはなかった。拓さんは思わず、男泣きをした。

青空の下、泰子さん特製インカのめざめのスープをご馳走になった。ダシは皮つきのままゆでた芋のゆで汁、味つけは塩とパクチーなど摘みたてのハーブだけ。新ジャガは味がぼやけるものだが、ふたりの芋は甘いというより十分なコクがあった。

「サラリーマン時代はひとり一心不乱に仕事をしているのが好きだったのに、農家をやってからは人間が好きになりました。畑や土、野菜を通して得られる人と人の結びつきが嬉しくて。人のつながり、広がりがあって僕らは生かされていると思っています。会社勤めしていた時は何のために働いているのか見えなかったけれど、今は違いますね」

夫に続いて、妻も語る。

「平平凡凡な主婦の頃は、予期せぬ変化が嫌いだったの。今はそれを楽しめるし、その時に良いと思う方を選べばいいと思えるようになったかなぁ。ふたりで同じ方向を見て、将来の話ができるようになったのも嬉しい発見」

新規就農者の先輩として、相談を受けることもある。夢に燃える人にはあえて、厳しい面も包み隠さず話す。

「農業はそう甘いものではないです。うちらも将来的に続けていくかはまだわかりませんが、一般家庭にもいろんな西洋野菜を普及させたい思いがあります。日々のことで手一杯で、そこまでPRできていませんが。だから今はまだそう簡単には辞められない。そんな気持ちでいます」

父の想いを形にすることから始めた農業だが、そこに自分たちの目標を重ね、足元を確かめながら一歩一歩進んでいる。

梅村さんのインカのめざめを味わいたい方へ

ファームウメムラのインカのめざめは例年8月中旬頃から出荷が始まります。在庫がなくなり次第終了ですが、芽が出やすい品種なので保存時にご注意を。地方発送可能なので、メールでお問い合わせください。夏と秋の日曜日は畑で直売も行っています。また、時季の野菜を詰め合わせたセットの地方発送もしています。

〔ファームウメムラ〕

千歳市根志越2596-4（畑の住所）
http://blog.livedoor.jp/farm_umemura/
farm_umemura@yahoo.co.jp

はるきちオーガニックファーム

小林卓也さん

〔1979年生まれ〕

カボチャ

虫食いのある野菜が、有機野菜ではない。有機は単なる農法ではなく、生き方であり、考え方でもある。これからを担う同世代に向け、有機農業の種まきを始めた若き農業家。

その日はさながら青空教室のようだった。秋の初め、真っ青な空に雲が気持ち良さそうに浮かんでいる。まだ青い栗の木の下で農業資材用コンテナに腰かけ、おっとりした口調で話す小林卓也さんの話に耳を傾けた。有機農業のこと、カボチャの出来について、あれこれと。

札幌の北隣にある石狩市。ここに小林さんの農場「はるきちオーガニックファーム」はある。石狩といえば、鮭。有名な「石狩鍋」発祥の地でもあり、漁業の印象が強いまちだが、母なる大河・石狩川の両岸には農業地帯が広がっている。

はるきちの親しみやすい農場名は、意外にもご本人のあだ名。本名とは一字も重ならないが、小林さんの人生に大きな影響を与えた大学時代のアルバイト先、居酒屋「春吉」に由来する。〝春〟と〝吉〟が、農業にとって縁起が良いことも、決め手になったという。そして、オーガニックファームと謳ったのも、有機野菜以外は栽培しないという決意表明でもあった。

よく聞く話だが、多くの農家の息子たちがそう思ってきたように、小林さんも家業である農業には興味を持たず育ったという。

「農業より環境問題」

砂漠化や温暖化、酸性雨が気になっていた小林少年は、北海道大学の工学部環境工学科に入学。大学院にも進んだ。運命の導きか、環境問題の中でも農業が及ぼす影響について深く学ぶ。研究テーマは畑作地帯の地下水について。

少々硬いが、研究内容を要約するとこうだ。畑から地下水への汚染は、点ではなく面で広がっていくのが特徴。事後の汚染除去は難しいので、畑に農薬や化学肥料といった資材を投入する時点で何らかの対処をしなければならない。そういう研究と対策を行ってきた。

「人間が生きて行く上で、農業は絶対に必要な産業。だからこそ循環型、持続型の農業でなければならないはず」

科学的な観点から農業の在り方

を見つめ直し、徐々に興味が湧いていった6年間だったという。

「とはいえ、実は僕、研究よりも接客業に興味があったんですよ」

大学に入って早々先述の居酒屋でアルバイトを始めた。春吉は道内各地から直送される食材が揃う、産地のアンテナショップ的な存在。ここで初めて有機野菜と出会う。栽培方法や味の良さに関心を持ち、知識を深めていった。大学院から自炊生活を始めると、自分が何気なく買う野菜の残留農薬や添加物のことが気になりだした。有機野菜を置く店に通うようになると、さらにいろんなことが見えてきた。

「有機野菜を求める需要は大きくても、流通量が少なく、限られたお店にしかなかったり、値段が高かったり。だからといって、有機農家が儲かっているわけでもないんですよね。調べてみると、有機農家も扱う業者も少ないから、流通に時間がかかった

り、その分コストが高くついてしまう。それなら、有機野菜の生産者が増えると安定供給できるのに。そう思っていましたが、だからといって、その頃は自分で有機農業をやろうとはまだ思っていなかったんです」

学生時代の話を聞いていると、小林さんを何とかして有機農業の道へ進ませようと、人生があれやこれやと仕掛けているように見えて、面白い。

そんな中で出かけた卒業旅行は、自分の心を確認する旅だった。バックパックを背負って歩いたヨーロッパは、有機農業の先進地。なかでもドイツは、有機野菜が当たり前のようにある人々の暮らしに心を惹かれた。その後に出かけたオーストラリアでは、有機農業を核としたファームステイ「ＷＷＯＯＦ」（ウーフ）を体験。そうした積み重ねが、小林さんの想いを有機農業家へと導いていった。

大学院を卒業後、一年間の準備期間を経た２００４年、はるきちオーガニックファームは始動した。

小林さんが掲げた目標は明確だ。新鮮な有機野菜を適正な価格で届けたい。これから家庭や家族を持ち、一番体に気を使わなければならないはずの同世代に、有機野菜を食べることの重要性を伝えたい。大型農業だけではなく、小さな農業が多くなってもいいのではないか、とも思っている。

「提供できる野菜の数は知れていますが、想いを伝えることで、生産者も消費者も同じ考えの人が増えてくれたら嬉しいな、と」

小林さんは、有機農業という種まきを始めたのだ。

知っているようで実はよく知らないのが、有機農業だ。初めて小林さんに会った時に聞いた話が今でも残っている。

「虫食いのある野菜が有機ではない」

有機農法といえば、農薬にも化学肥料にも頼らない。だから、野菜をザクリと切って中に虫が入っていようが、葉に虫食いがあろうが、それは仕方がない。そう思っている人は多いのではないだろうか。

「健康に育った作物ほど、虫食いはないんです。同じ環境で育っていても、弱いものは虫に食われる。根の張りが悪かったり、全体に栄養が行き渡っていなかったり。健康的に育った野菜はおいしいし、生命力が強い。健康な人が病気になりにくい理屈と同じです」

小林さんの農園で、大豆畑の除草を手伝ったことがある。不思議なことに、虫食いがあるのは雑草ばかり。雑草の勢いに押され気味だった大豆だが、みしっとうぶ毛が生え、そこはかとないたくましさを感じた。

大切にしていることは、人間の都合ではなく、野菜の都合でつくること。有機という言葉の語源は、漢詩の一説「天地有機」だといわれている。天地に機有り。大自然には〝機〟＝からくり、つまりは仕組みや構造があり、その通りになっているという意味だ。

「だから人間が何かを左右するのではなく、自然のからくりをいかに生かしていくか。その野菜が一番育ちやすい時期に育て、育ちやすい環境を整える。主役は野菜、農家はサポーター」

そういうスタンスに立つと、農薬や化学肥料を否定する農法が、イコール有機農業ではないことがよくわかる。自然の中の環を断ち切らない。有機は単なる農法ではなく、生き方や考え方というほうがしっくりくる。

収獲時期のはるきち農園はワイルドだ。約3ヘクタールの面積に50種類もの作物が育っている。どこまでが何の作物なのか、境界線がわからない。ご本人ですら、収獲を忘れてしまう作物もあるそうだ。

収獲物は市内の直売所、全国のこだわりの青果店に並ぶ。トウモロコシやズッキーニなど、主体としている作物はいくつかあるが、この地域の特産品であるカボチャの出来は見事だ。風通しの良い納屋の2階に並べ、しっかり乾燥、熟成させたカボチャは、甘さとホクホク感がちょうど良い。

「味も土も、何ごともバランスが肝要ですね」

有機農業を始めて8年目。2011年は作付け面積を広げる考えがあるという。

「カボチャのつくり方は何とかわかってきたので、面積を広げて雇用につなげていきたい。農業を志す人が独立する時、資金の足しにしてもらいたくて」

自分は農家の息子がゆえに、土地や農地の取得はそう難しいことではなかった。だから、有機農家へ踏み出すことができた。

「新規就農を目指す人を、精神的にも物理的にも応援できることはないか」

最近、強く考えることだという。

ある意味、小林さんは旅人だ。農業ができない真冬は、毎年学びの旅に出る。

「もう趣味ですね。そのために夏、一所懸命働いているようなもので」

全国の気になる生産者宅を泊まり歩きながら、ネットワークを広げ、交流を楽しんでいる。旅先ではキューバの都市型有機農業を取材した映像「Ｓａｌｕｄ！（サルー）ハバナ」の上映会も開催する。当時20代だったご本人がある企画に志願し、現地レポートを担当したドキュメンタリーだ。ここでは詳細は省くが、興味深い話なので機会があればお勧めしたい。そのほかにも、全国的なロックフェスティバルで出る生ゴミを堆肥化するプロジェクトに参加。消費者との交流イベントにも積極的に関わる。テレビ、新聞、雑誌の取材も断らず協力する。

「僕は今、広告塔だと割りきっていますから」

有機農業を、何より農業の楽しさ、喜びを伝えていきたい。そんな想いと活動が芽生え、農繁期のはるきち農園には土に触れたい、有機農業を学びたいという20代、30代のボランティアが多く訪れる。札幌から毎週通っている女性もいれば、大人の部活動と称し定期的に手伝いに来るグループもいる。小林さんはWWOOFのホストをしているので、日本はもとより世界中からもサポーターがやって来る。来るもの拒まず、である。お金やもののやり取りはないが、小林さん側は知識と農園で採れた野菜を使った食事を提供し、彼らの力と交換する。そして、互いに経験や発見を共有する。そこには無邪気な笑顔と好奇心と充足感に満ちている。

市民農園とも体験農場とも違う。リアルな農業に触れることができ、その楽しさを生産者と一緒に分かち合うことができる。はるきちオーガニックファームは、農の魅力を私たちにぎゅっと近づけてくれる存在だ。土や畑はいつだって私たちの身近にあるのだ。

小林さんのカボチャを味わいたい方へ

カボチャは例年8月中旬から出荷を予定。カボチャは坊ちゃん、ほっとけ栗たんなど、数種類栽培しています。直売所での販売は例年、地方発送も可能。詳しくはファックス、またはメールでお問い合わせください。JAいしかり直売所「いしかり地物市場とれのさと」、札幌市内では「The Life Stock」でも野菜を販売しています。

〔 はるきちオーガニックファーム直売所 〕

石狩市花畔363-13

FAX 0133-64-2095

bannaguro@hotmail.com

http://www.harukichi-farm.com/

Racing

タマネギ生産者

大作《おおさく》康浩さん

〔1962年生まれ〕

札幌黄《さっぽろきい》

日本のタマネギ栽培の歴史は札幌から始まった。自家採取だけで種を取り続け、都会の片隅でつくり継いできた伝統野菜・札幌黄は、味の箱舟にも登録された希少な味わい。

唐突ですが、ここで質問。「○○のまち札幌」。ここにどんな言葉を入れるだろうか。北、雪、ラーメン、スープカレー、美食、観光、時計台など、いろんな言葉が思いつく。60代以上の方なら、恋という言葉がぴたりとくるかもしれない。

形容する言葉が多数挙がる中、「農業のまち」を思い浮かべた人はどれくらいいるだろう。意外に思うかもしれないが、全国で5番目に人口の多い札幌は、農業のまちという顔を持つ。約190万人が暮らす都市の一体どこに農地があるのかと疑うが、イチゴやカボチャなどの野菜、果樹、花き、牛を飼う酪農家もいる。

そんな札幌農業の柱となっているのが、タマネギである。実は日本のタマネギ栽培の歴史は、札幌の地と深い縁で結ばれているのだ。というのも、タマネギを最初に栽培したのは、ここ札幌。明治初期にアメリカから種子を導入して試作を開始。札幌の風土に合うよう品種改良が繰り返され、誕生した在来種が「札幌黄」である。札幌の地名を冠する数少ない伝統野菜で、今ではつくる人が少ない希少品種。〝幻の〟と謳う人もいる。

札幌市東区丘珠。北海道に詳しい人なら、この地名を聞いて真っ先に思いつくのは、空港の名前だろう。道内便が就航する丘珠空港は、札幌中心部から車で30分ほど。周囲に住宅地が広がり、大型のショッピングセンターまですぐという立地である。この丘珠から北東に広がる一帯がタマネギの生産地。川沿いに肥沃な沖積土が広がり、幹線道路を少しはずれると、意外なほど畑が多いことに気づく。

その丘珠に、大作康浩さんの圃場がある。明治時代から札幌黄をつくり続けるタマネギ農家の4代目。背がスラッと高く、作業着こそ着ているが、生産者というよりは研究者を思わせる第一印象。聞けば、近くの鉄工所で働いていたが、6年前に父・保勝さんの急逝により、後を継いだという。

「昔から家業は継ぐ気でいました。小さい頃から作業を手伝ってきましたし、勤めてからも農繁期には休みを取り、父と一緒に収獲してきました」

息子に仕事を仕込むのはまだまだ先。保勝さん

はそう思っていたようだ。肝心なことは教えられないまま、教わらないまま逝ってしまった。

見て知っていることと、実際に自分で判断し行うことは、まったくの別物だ。康浩さんが苦悩した6年間は、素人の私にも優に想像できる。

「なるべく父と同じようにと、やってきました」

保勝さんの仕事ぶりを思い出し、丁寧になぞる。その中で康浩さんは亡き父に問いかけながら、わずかな糸口を探してきたのだろう。

多事多難、紆余曲折、試行錯誤。その甲斐あって、康浩さんの札幌黄は評判がいい。肉質が柔らかい。切った後に少し置くだけで、水にさらさずとも生でパクパクいける。甘いが、甘すぎないのがいい。火を通すと深いコクが加わる。私は保勝さんの生前、保勝さんが栽培した札幌黄を食べたことがあるが、どちらの味わいも甲乙つけ難い。

おいしい品種で人気があるとわかっていても、栽培する人が少ないのには理由がある。札幌黄は天候に左右されやすく、病気にも弱い。玉の大きさが不揃いで、収獲できる割合も少ない。肉質が柔らかい分、痛みやすく、丁寧な選果が必要になる。いやはや、相当手がかかる品種だ。

「一番大変なのは種を採ることなんです」

今の農業はF1種と呼ばれる一代交雑種を、種苗会社から毎年買うのが一般的だ。高収量、均一、早く育つ、耐病、耐虫が期待できるように改良されたF1種は、いわば種苗会社の英知が詰まった、在来種の札サラブレット。一方、在来種の札幌黄は種苗会社では売っていない。自家採取と選抜という種づくりの手間から解放されるとあって、タマネギ農家の多くは札幌黄の栽培を止め、つくりやすく、流通に向くF1種に移行した経緯がある。

「50アールある畑を歩いて、土の上に少し顔を出したタマネギに目を凝らし、形の良さそうなもの、我々は母球と呼びますが、これを選びます。一日中歩いても、これがなかなか選べない。最終的に妥協しちゃうこともあるんですよ」

母球は収獲せずに育て、ネギ坊主に花を咲かせる。花が咲いたら、毛ばたきの登場。仏壇や車の掃除に使う、あの毛ばたきだ。虫による自然受粉では間に合わないので、ネギ坊主を毛ばたきでなでながら、受粉の手伝いをする。

そして、札幌黄やほかのタマネギ品種の収獲、選果が落ち着いた晩秋、乾燥させておいたネギ坊主から種を採る。最後の大仕事が待っている。

「自然と落ちた種は一番種。実入りがしっかりしている。問題はネギ坊主についたまま落ちない種です」

手で揺すったり、機械で風を当てて落とす。種を覆う殻を手でもみ、軽すぎる種や余分な部分を風にさらして飛ばす。それを繰り返すことで、ゴマ粒よりひと回り大きな種を採取、選抜する。

「札幌黄は発芽率が悪いので、なるべくいい種を選ばないと。手を抜いたら、翌年に障ります」

発芽率はF1種が85％以上に対して、札幌黄は60～65％と低い。自家採取を続けているためか、先代から引き継いだ当時よりも、粒のサイズが小さくなっていると、康浩さんは感じている。

「ほかの家の種とかけ合わせて、近親交配を避けたりはしないんですか」

話の流れから、ごく気軽な気持ちでそう聞いた。

「それをやったら、今まで守ってきた札幌黄ではなくなるから」

康浩さんが、少しだけ語気を強めた。

代々札幌黄をつくり続けてきた大作家だが、実は一度、わずかな間だけ種が途絶えたことがあった。保勝さんの代にF1種が普及。最初は静観していたが、収量の高さ、作業の軽減など、F1種の魅力に惹かれたのだろうか、導入を決意した。人は時として今いる場所を離れ、別な視点や角度からものごとを見つめ直す作業は大切だ。保勝さんも在来種から離れてみたが、どこかに違和感を感じたのだろう。出来に納得がいかなかったのかもしれない。純粋に長年つくっていたものから離れる寂しさがあったのかもしれない。自分のやりたいことはこれではなかった。そう感じたのかもしれない。

「1、2年だったでしょうか。同じ地区の人に種を譲ってもらい、再び在来種をつくり始めました。札幌黄に戻った詳しい理由は結局、聞けず仕舞いでしたが、代々携わってきた想いがそうさせたんでしょうね」

きっと大きな後悔があったに違いない。

「待っている人がいるから、ずっと守っていきたい」

生前の取材で保勝さんが語ったこの言葉の意味は、今思い返すととても深い。自戒、覚悟の気持ちが滲んでいるようにも感じる。

札幌黄は2007年、国際スローフード協会により「味の箱舟」に登録された。味の箱舟とは、地域に根ざした歴史を持ち、生産量の限られた希少な食材を認定し守っていく、味の世界遺産である。この認定は札幌黄の知名度を広げ、伝統野菜を守る生産者の誇りとなっているようだ。

札幌市でも札幌黄を絶やしてはならないと、農家に頼ってきた種の採取を市の施設で本格的に開始。希望する農家に種を販売し、札幌黄の栽培面積や収獲量の拡大

を図っている。

「それでもまぁ、うちは自分のところの種で札幌黄をつくっていきます」

静かに語る言葉に、自家採取を貫く農家のプライドが垣間見える。

取材の帰り際、お土産に鬼皮（表皮）まで真っ白なタマネギをいただいた。

「これも札幌黄。突然変異なのか、時々出てくるんですよ。どの種がこうなるかは、残念ながら全然わかっていません。人の話によると、それが最初の札幌黄だったという説もあるようです。はっきりとはわかりませんが」

一般的なサラダ系の白タマネギよりも少しピリっとくるが、味にコクがある。これまでは直売所の常連客に無料で分けていた〝規格外品〟だったが、食味の良さと希少性が青果店の目に留まり、全量買い上げが決まった。札幌黄の歴史に新たな付加価値が生まれるのだろうか。楽しみである。

都会の片隅で100年以上つくり継がれてきた伝統野菜。効率重視の野菜づくりとは一線を画す手間仕事には、信念の文字が浮かぶ。だから、今がある。

大作さんの札幌黄を味わいたい方へ

札幌黄は例年9月頃から出荷を予定。大作さんのところでは、札幌黄と他品種のタマネギを直販しています。なお、大作さんの札幌黄、白い札幌黄は以下の青果店で取り扱いしています。それぞれ数量は多くありません。なくなり次第終了となるため、ご了承ください。なお、柔らかい品種なので、年内に食べ切ることをお勧めします。

〔大作さん〕

札幌市東区丘珠町493-2
TEL/FAX 011-785-7626
※連絡時間などご配慮ください

〔フレッシュファクトリー〕

札幌市中央区北2条東4丁目
サッポロファクトリー内
TEL/FAX 011-232-1808
http://freshfactory.jp/

グリーンピュアクラブ

右から

田村則吉さん

〔1949年生まれ〕

岡村春美さん

〔1951年生まれ〕

佐藤　等さん

〔1952年生まれ〕

米

有機栽培米や農家の直販がまだ一般的ではなかった20年前から、同世代の仲間と一緒に取り組んできたグリーンピュアクラブ。見えてきたのは、自分たちで丹精した米に自分たちで価値を決める重要性だった。

いつかは見てみたい。ずっと思いながら、なかなか出会えない風景がある。私の場合は、田んぼいっぱいに咲く稲の花である。

「米はね、ちゃーんと太陽さんを待ってから、花が咲いて受粉する。稲穂の1個1個が花開いて実を結ぶんだよね。あれは感動するよ」

収獲間近の黄金色をした田んぼで、岡村春美さんは夏の日の風景を思い出しながら、にこやかに話す。

稲は花弁がないので、緑色のもみが開いておしべが顔を出し、自家受粉する。目立たない淡い黄色をして楚々とした美しさだという。稲の花は強い夏の太陽だけをひたすら待ち、太陽が昇りきった頃に咲き始め、たった2時間で閉じてしまう。なるほど、なかなか見られないはずだ。これは米づくりをする人にだけ与えられたご褒美に違いない。

14年ぶりに新篠津村にある「グリーンピュアクラブ」の会長、岡村さんの圃場を訪ねた。グリーンピュアクラブとは、新篠津村の同世代の仲間が集まり、20年前から米の有機栽培に挑戦している生産者グループである。農薬の混じらない純粋な農産物をつくりたい。子孫に美しい田園風景を残したい。グループの名前にはそんな思いが込められている。

結成当時は6軒だったメンバーも、現在は岡村さんのほか、田村則吉さん、佐藤等さんの3軒だけになってしまった。病気や後継ぎ問題で3軒が脱会。農村地帯が抱える問題をそのまま映し出す現実を聞き、寂しい気持ちになったが、残った3軒には揃って後継者がいて、一緒に田んぼに立っているという。明るい報告にほっと胸をなでおろした。

グリーンピュアクラブが有機栽培米に取り組んだのは、消費者の一言がきっかけだった。

「毎日食べるものなのに、安全なお米がない」

生産者の想いと消費者の声が交わる機会が今よりずっと限られていた時代、自分たちの生産物がどう評価されるかを確かめてみたい

思いから、あるイベントの直売コーナーに出店した。野菜は少しずつ無農薬栽培や有機栽培が出始めた頃だが、無農薬栽培の米はほとんどなかったという。消費者と話し込むうちに、求められているのは、味や価格以上に安全性だということを知った。

今と違って当時の農薬散布機は、使う側にも農薬がかかり、安全性に欠けるものだったという。

「もう丸かぶりだもん。若かったとはいえ重労働だったし、自分たちもしんどかった」

これが良い機会と、各戸で田んぼの3分の1を有機栽培に切り替えた。それまですべて米は農協に出荷していたが、有機栽培米は自主流通することに決めた。

何ごとも新しい分野に踏み出す時は、周囲からの逆風は必然だ。特に小さな農村では風当たりは厳しかった。ある時は陰で、ある時は聞こえよがしに、いろんなことが耳に入ってきた。

「1軒なら潰されたかもしれんけど、大勢でやれば怖くないっしょ」

岡村さんも田村さんも佐藤さんも、その頃を思い出してニヤリとするが、相当な覚悟が要ったに違いない。だからこそ、力を合わせてがんばってきた。

「村で田植えの機械を導入したのも、うちらが一番早かったんだよ」

親の後をそのまま継ぐことに反発しつつも、農の道を選んだ青年たちは、新しい技術、ほかとは違うやり方を学びながら、親世代とは異なる自分たちのスタイルを模索していた。有機栽培米を始めることも、どこかにそんな思いがあったのかもしれない。

すべてを無農薬にしない、というよりもできないのは、膨大な手間暇がかかるからだ。何十ヘクタールもある圃場を有機栽培にすると、田んぼを這うようにして行う草対策、虫対策、病気対策など、家族経営の労働力だけで補うのは現実問題、難しい。営農的にも安定しない。それなら無理のない範囲で、一粒一粒に栄養が行き渡るように配慮するなど、丁寧な作業を積み重ねていくことを大切にした。また、低温乾燥した米はもみ殻で貯蔵し、注文の度に精米することにした。自分たちの手で最後までおいしい状態で送り出す。その付加価値を優先したのだ。

一般的に農協に米を出荷した場合、農協が共同販売し、利益は平均価格で組合員に分配される。自主流通を始めてもっとも意義深い経験は、自分たちの米に自分たちで価格をつけたことだった。相場を参考にはしたが、この価格で高くはないだろうか、安すぎないだろうか。自信と不安が交錯した。ただ、どれだけの労力を費やしているかを知っているのは、つくり手だ。生産物の価値を一番信じているのもつくり手。自分たちの働きと成果を、買い手に問うことができるのも、売れる売れない、その結果を次につなげられるのも、自分たちで価格を決めているから。踏み出した一歩は、とても大きな財産となった。

「おかげ様で毎年待ってくれている人がいるから、3軒に減ってもがんばって続けていけるんだよね」

この話を聞きながら、ふと思った。自分の働きや成果を価格に置き換えるとどうなるのだろう。その価格はどういう評価を得るのだろう、と。

グリーンピュアクラブでは有機栽培米を「赤とんぼ米」と名づけている。慣行栽培からの転換期は試行錯誤があったが、数年後には多くの生きものが安心して住める田

んぼが戻ってきた。毎年の蓄積で年々いい田んぼに育ってきている。赤トンボはその象徴だ。

「最近は、カミサマトンボが増えたね」

カミサマトンボは田んぼの神様。地域で神様になるトンボは違うようだが、北海道ではイトトンボ系をそう呼ぶそうだ。自然の中で仕事をしていると、多くのことに気がつくという。気温の変化、季節の変化、取り巻く生物の変化。その年の状況に合わせ、対処をしなければならない。同じ年は二度とない。一年一作。

「自然相手の仕事だから、いちいち心が折れていたらやっていけない。どんな結果が待っていようと気にしないようになったけれど、収獲間際の台風、あれだけはいらんね」

風に揺れる稲穂、大きな声で鳴くアマガエル、眩しい太陽の光。百聞は一見に如かずとはよくいったもので、黄金色の田んぼを目の前にすると、この風景があるから、毎日ちゃんと食べて生きていくことができる。そんな思いに至る。

「不安はあるよね。今の農政は」

岡村さんがポツリと呟く。稲作農家は農政に翻弄され続けてきた。毎年のように変わる制度や政策、米価下落、迫りくるTPP問題。農地の基盤整備に当てる土地改良事業の予算削減も痛い問題だ。

「農地っていうのは、農業者しか取得できないし、確かに土の上は農業者が管理しているけれど、土地自体は農業者だけのものではないと思うんだよね。買った土地というよりも、御上から借りてる意識のほうが強いね」

明治初期、農民の土地所有観を示した言葉にこんな表現があるそうだ。「上土は自分（農民）のもの、中土はムラのもの、底土は天のもの」。野田公夫氏（京都大学農学部教授）の著書で紹介されている。

歴史の教科書を思い出してみると、地租改正が行われたのは明治時代。土地の私的所有権を認め、安定した税収確保を目指したこの制度以降、土地に対する所有意識が大きく変わったといわれ

ている。土地は天からの預かりもの。土地を守って次代につないでいくことが、今の世代の務め。そんな考え方がほんの100年前の日本にはあった。

今はつくる人と買う人、生産地と消費地、その間に精神的な距離があるように見える。預かりものを次につなぐという広義で捉えれば、消費者も産地の問題にもっと関心を持つべきではないだろうか。例えば、農地基盤整備の予算削減。農地の基盤整備とは、用・排水路の設置や交換、客土など、生産性の高い農地に改良する事業のことで、税金が投入される。表層的には農業者や工事関係者以外にはメリットがないように見えるが、まちに暮らす私たちの食糧生産を守るために必要な社会的インフラ整備、そう考えることはできないだろうか。

輸入農産物の台頭や農業経済の悪化、食糧自給率の低下、離農や高齢化。農業を取り巻く現実は、農業者だけが努力しても解決できない。生産者に食糧を保障されている我々も、いつまでも産地や食の問題に無関心ではいられないはずだ。自戒を込め、書き留めておきたい。

取材の後、グリーンピュアクラブの新米を取り寄せた。品種は「おぼろづき」。米が薄く白濁する特性から、この美しい名前がついた。ここ最近の北海道米は大健闘している。生産量では昔から全国一、二を争う主産地だったが、質の面では他の米処から大きく水をあけられていた。日本の食の原点であるおいしい米をつくることは、冷涼な北国の悲願だった。品種改良の快進撃は「きらら397」から始まり、「ふっくりんこ」「ゆめぴりか」など、北の気候風土に合う高品質米が続々と誕生。食味の評価も高い。

グリーンピュアクラブのおぼろづきも、甘みや粘りでは負けていない。炊き立てはもちろん、冷めてからレンジで温めても、パサつかずしっとりして、噛むほど甘い。ついつい食べ過ぎてしまう。

米の中には神様がいるから、一粒たりとも粗末にしてはいけない。そういわれて育った。神様の人数には諸説あるが、手間暇をかけた分だけ神様が宿るという説からいくと、八十八人が有力だろうか。それはますます残すわけにいかない。茶碗にへばりついたご飯粒を2つ3つ、しっかりつまんで食べた。

グリーンピュアクラブの
赤とんぼ米を味わいたい方へ

グリーンピュアクラブの赤とんぼ米のおぼろづき、ゆきひかりの新米は、例年10月中旬から有機・特別栽培野菜専門店「アンの店」で取り扱いがあります。店頭販売のほか、地方発送、オンラインショップから取り寄せも可能です。

〔 アンの店 〕

札幌市白石区本通4丁目南1-13

TEL 011-863-9373　FAX 011-863-9785

http://www1.enekoshop.jp/shop/anne-shop/

ナカザワヴィンヤード

中澤一行さん〔1965年生まれ〕

中澤由紀子さん〔1970年生まれ〕

醸造用ブドウ

今、北海道のワインが面白いといわれている。全国の栽培家、醸造家、ワイン好きの目を北の地に振り向かせるきっかけをつくったのが、中澤さん夫婦。そしてふたりが栽培するブドウでつくった白ワインだった。

柑橘系の果実味、蜂蜜の香り、のびやかな酸。「クリサワブラン」という白ワインに初めて出会った時、そのふくよかな味わいと香りの余韻にすっかり魅了されてしまった。

今でこそワインの産地として、その可能性が期待される北海道だが、全国の醸造家や栽培家、そしてワイン好きを、北の地に振り向かせるきっかけをつくったのが、このクリサワブラン。そして、醸造用ブドウの栽培家「ナカザワヴィンヤード」の中澤一行さん、由紀子さん夫妻の存在である。

そもそも東京出身のふたりが、北海道でブドウづくりをすることになったのは、電車の中吊り広告が機縁だという。

中澤さんは学生時代に旅した北の大地に憧れ、漠然とだが北海道に移り住む夢を抱いていた。あの大空の下で体を動かして働きたい。それならば農業だろう。しかし、今のようなバックアップ体制が十分ではなかった当時、縁もゆかりも経験もない中澤さんが就農するには、ハードルが高かった。夢は夢として大切にしながら、東京で就職、結婚。生活には不満はなかったし、どちらかといえば充実した毎日だった。

そんなある日、由紀子さんが偶然見上げた雑誌の中吊り広告に、目を惹く記事があった。

「北海道のワイン会社に転職し、ブドウ栽培をしている人の話だったんです」

「憧れの北海道に住んで農業に携わるには、こういう道もあったのか。記事を読んでコレだ！　と思いましたね」

ワイン好きのふたりにとって、記事の内容はとても魅力的に映った。しかも、自営ではなく、会社員として農業ができるという理想の条件。少し時間を置いて推考した後、記事にあった会社に手紙を書いた。役員と会い、とんとん拍子に農場の仕事に就いた。そこで8年間、醸造用ブドウの栽培技術を学び、最終的には農場の責任者を務めるまで実績を積んだ。つくるブドウの味にも、それなりの感触を得ていた。

そして2002年、自分たちが栽培するブドウで表現するワインをつくろうと、ヴィンヤード（英語でブドウ畑）を拓いた。

ふたりが入植したのは、栗沢町（現・岩見沢市）。ゆるやかに広がる丘の南斜面に、一枚続きの畑2・7ヘクタールを持つ。ヨーロッパの白ワイン品種のピノ・グリ、ゲヴュルツトラミネール、ケルナー、シルヴァーナを主体に、一部、赤ワイン品種のピノ・ノワールも栽培している。

「外から余計なものを入れずに、土地の力だけで土地の味を楽しめるワインをつくりたい」

その想いは開園時からずっと変わらない。除草剤を使わない畑は、雑草が多いというよりは、多彩な植物がブドウの樹と共存しているという印象。多種類の草があることで、ブドウにつく害虫を減らすことにもつながる。余計なもの、つまりは肥料の

類、化学肥料も有機質肥料も使わない。唯一、肥料といえるのは機械と手で刈った草。畑に鋤《す》き込まず、自然と土に戻るのを待つ。

「面白いことに、毎年草の種類が増えているんです。以前は牧草地だったので、牧草ばかり出てきそうなものですけどね。生える草を土に還す作業を繰り返すうちに、自然と土づくりができ、この風土に合うものになっていく。正直、確証はないですが、そんな感じがしています」

農薬もむやみに使わないが、状況を見ながら適宜使用するスタンス。一度、完全無農薬を実践した年もあったが、ブドウが全滅に近い状態となり、結果として例年以上に農薬を使うことになった苦い経験を持つ。

「失敗から学ぶことは大きいですよ」

中澤さんは涼しい顔でそう話すが、生産量が少なければ、できるワインの本数も限られ、生活にも大きく響く。毎年何かしら新たなアイデアを試し、質の高いブドウづくりを目指しているが、その試みに対し弱腰になることはないのだろうか。

「なることはなりますよ。ただ、一度どん底を見ていますから、そこより悪いことはないでしょう。やってみなければ何ごともわからないですから」

楽観的にも取れる言葉だが、そこには質を追求する覚悟の文字がくっきりと見える。

「自分たちができるのは、最小限の手助けだけ。ブドウが育ちやすいように、品種の持ち味がしっかり出るように、手を貸しているだけです」

とはいえ、広大な畑をふたりで管理しているので、作業は膨大にある。生食用は頭の上一面に枝が広がる棚仕立てだが、醸造用は垣根仕立てにする。支柱の間に渡した針金に枝を誘引し、蔓を這わせるなど、垣根にきれいに収まるよう管理するのもすべて手仕事となる。中澤さんは「ブドウにスイッチが入る」と例えるのだが、暖かくなると急に成長のスピードが早くなる。「作業が追いつかず、完全に置いてけぼりです」と、由紀子さんは笑う。

収穫後は紅葉、落葉を待ち、雪が積もるまでの間、剪定作業に入る。来年の収穫はもちろんだが、2年、3年先の収量にまで影響するため、樹の形をどう整えていくのか、頭も気も使うし技術を要する作業だという。年の瀬が目前に迫る頃、剪定もようやく落ち着く。

秋晴れのある朝、ナカザワヴィンヤードには志を同じくする仲間が集まっていた。

栽培面積が少ない近隣のつくり手同士、収穫の手伝いを協力して行うのだという。その中には「KONDOヴィンヤード」の近藤良介さん、近々ワイナリーを建設予定で、醸造家としても信頼の厚いブルース・ガットラヴさん夫妻など、北海道の生産現場に新風を吹かせる注目のつくり手の姿もあった。作業中は1房ずつ摘み取る手を休めず、休憩時間には車座になり和やかにお茶をする。雑談から始まり、栽培のこと、農業のこと、話題は尽きない。

あるつくり手がこんな話をしてくれた。

「中澤さんほど丁寧に収穫をする人はいない。意見交換ができ、畑の様子をつぶさに見ることができるこの機会は、学ぶところが大きいんです」

そんな中澤さんが、「この人がいなければ今はないかもしれない」と信頼を寄せる

栽培家がいる。北海道ではそれまで、ワイン会社にブドウを売る農家はいても、自分で育てたブドウのみでワインをつくる、あるいは醸造を委託してワイン生産に関わるという栽培農家は皆無だった。その道なき道を切り拓いたパイオニアが、蘭越町で白ワインをつくる「松原農園」の松原研二さん。中澤さんが独立を考えた時、相談を持ちかけたのも松原さんだった。

後進が問えば、先達は気さくに経験を伝え、アドバイスもする。そこには共に北海道のワインを盛りたてていきたいという想いがあるからだ。経験を一人占めにしない。そんなゆるやかなネットワークもまた、栽培家や醸造家をこの地に惹きつけ、道産ワインの質を向上させている理由なのかもしれない。

クリサワブランは、中澤さんの畑で採れた4品種でつくられているが、醸造は栃木県の「ココ・ファーム・ワイナリー」に委託している。

「自分たちで醸造まで手がけたい思いはあるけれど、意識が高いスタッフがいるワイナリーと組み、その道のプロと意見を闘わせながらのほうが、良いものができると思うんです。ワインは8割がブドウで決まる。そう思っていますが、残りの2割は人、醸造なんですよね。そこが結構大事で。つくり手の考えだけで突っ走っちゃったら、このワインはできなかったと思うんです。当初、僕らは単一品種でのワインづくりを考えていましたから」

ひと品種ごと醸造し、中澤さん夫妻とココ・ファームで試飲。その年のブレンド比率を話し合いで決めている。

「単一品種で表現するよりも、ブレンドすることで1＋1＝2以上に広がり、この土地の個性をより打ち出せる気がするんですよね」

確かにそうかもしれない。淡い黄金色のクリサワブランは、味と香りの複雑さが厚みとなり、余韻の長さにもつながっている。そのバランスが毎年微妙に異なるのも、飲み手としては楽しみである。

ワインの名前にKURISAWAの地名を刻んだのは、土地特有の個性＝風土を表現したい想いがまずひとつ。そして、正式な初ヴィンテージとなった2006年、岩見沢市に編入合併された旧・栗沢町の名前を残したい。そんな想いも込められている。

醸造用ブドウは、成果物として2度の喜びがある。収穫の喜びとワインとなる喜び。醸造の時間を経る分、その感慨は一入《ひとしお》だろう。

「さらに付け加えるなら、保存して変化を楽しんだり、年代で飲み比べができることも、ほかの栽培農家にはない喜び。そして、飲み手の方々とワインを一緒に囲んだり、消費者との接点が多いことも魅力ですね」

ヴィンヤードを拓き、10年目を迎える。これからのことも尋ねてみた。醸造については、ブドウをすべて混ぜて醸造する〝混醸〟にも取り組み、これまでの単品醸造のブレンドと味の違いを試してみたいという。また、ワイン好き羨望の赤ワイン品種ピノ・ノワールの醸造も少しずつ始めている。

「ただ、冷涼な北海道では白ワインのほうが面白く、手応えを感じている」

と、本音がちらりのぞく。

「栽培でできることといえば、畑

で少しずつ工夫を重ね、自分たちが思うおいしさを出せるよう、最大限努力していくだけ。生産量を増やす方向では考えていないです」

ナカザワヴィンヤードの場合、ワインの生産量は多い年で4500本程度。2009ヴィンテージは天候不順も重なり、ブドウの収獲量は最盛期の3分の1にまで落ち込んだ。2010年秋にリリースされた分は、すぐに完売となり心苦しい思いを味わった。2010ヴィンテージは、収獲量が少し回復。ワインの量も増える。今秋が楽しみである。

「うちくらいの収量なら、全国津々浦々に流通できる本数ではないし、北海道のワインの世界を大きく揺さぶるものにもならない。せいぜい北海道の1%を変える程度でしょうか」

中澤さんはそう謙遜するが、潜在的価値の高さは数値では表せない。ポテンシャルの高いブドウを育て、ワインに醸した想いは、さまざまな人に共鳴し、北の大地でワイン生産を志す人の輪を確実に広げている。北海道のワインは、ようやく面白い時代になってきた。

中澤さんのワインを味わいたい方へ

本文の通り、2010年秋に発売になった2009ヴィンテージは完売です。一部レストランで提供しているので、詳しくはHPをご覧ください。2010ヴィンテージは2011年秋にリリース予定です。ナカザワヴィンヤードで直売しているので、希望者は事前にメールで連絡の上、来園ください。ココ・ファーム・ワイナリーのHPから通販も可能です。

〔 ナカザワヴィンヤード 〕

北海道岩見沢市栗沢町加茂川140
vineyard@vmail.plala.or.jp
http://www.nvineyard.jp/

〔 ココ・ファーム・ワイナリー 〕

http://www.cocowine.com/

NEW HOLLAND

村上農場

村上知之さん
〔1965年生まれ〕

村上智華さん
〔1968年生まれ〕

熟成ジャガイモ

芋は収穫したらお仕舞いではない。貯蔵することで育て、仕上げる味がある。「熟成ジャガイモ」という新しい価値を伝える村上さん夫妻に会いに、十勝へと出かけた。

うーむ。あれれ。いやいや。ジャガイモって、こんなにおいしいものだっただろうか。いきなり唸ってしまった。

3月のある夜、仕事仲間が主宰した食材の勉強会でのこと。そこで味わい、お土産に持ち帰ったメークインは衝撃的だった。風味もねっとり感もこれまでの印象とは違った。奥行きというか、幅というか、香りにも旨味にも膨らみがあるのだ。

そのメークインの故郷は、十勝平野の北部にある上士幌町。「村上農場」で熟成されたものだった。多品種の芋を栽培し、貯蔵庫で熟成を待ち、食べ頃を迎えた品種から順に出荷するという、独自のスタイルを切り拓いてきた。芋は収獲して終わりではない。そこから育て、仕上げる味がある。村上知之さん、智華さん夫妻は、そんなメッセージを芋に添えて送り出している。

熟成を極める道の始まりは、ふたりが結婚した13年前（1997年）に遡る。当時、知之さんは先代から代替わりしたばかり。ジャガイモをつくり、全量を農協に出荷していたが、今のままの農業で良いのか。迷いを感じていたという。

一方、結婚前まで福祉の仕事に就いていた智華さんにとって、農業は未知なる世界。自分らしく関わるにはどうしたら良いのか。模索する日々が続いていた。

その最初のヒントは、フライドポテトが運んできた。

「実は私、ジャガイモには興味がなかったんです。お芋なら白いご飯のほうが好きというタイプ。でもある日、義父がつくってくれたフライドポテトが、びっくりするくらいおいしかったんです。ジャガイモは越冬すると甘くなるのは聞いていましたが、想像以上でした」

気温が下がるとジャガイモは凍結を防ぐため、自らのでんぷん質を糖化させる。そのため、越冬の芋は甘味や旨味が増すことはよく知られている。

「どうして、おいしいお芋を積極的に売らないのかしら」

今でこそ越冬の芋はよく見かけるが、当時は市場に出回ることはほとんどなかった。聞けば、農協の決算は12月。それまでに出荷しなければ、その年の収入はなく赤字を持ち越すことになる。在庫を抱えるし、貯蔵施設もない。第一、そこまでして、売れなかったらどうするのか。その時は抱えるものの大きさに戸惑い、前に踏み出せなかったが、芋に可能性と魅力を感じた瞬間でもあった。

転機は間もなく訪れた。

村上農場では主力品種のほか、土に合う芋を探そうと、いくつかの新品種を試作していた。ある時、「北むらさき」という品種を試食すると、あまりの不味さにのけぞったという。

「大根みたいな味がするんですよ。青臭くて風味もなければ味もしない。捨てるのは忍びないので、倉庫に放置していたんです」

農作業が落ち着いた冬、「せっかくなので、もう1度食べてみよう」と、知之さんがその芋を引っ張り出してきた。今度は別な意味で驚くことになる。

「それが、まったく違うお芋になっていたんです。あの青臭さは消え、甘味がしっかりあって、とてもおいしくなっていました」

ほかの品種を試してみると、味がのってさらに良くなったものもあれば、味が枯れたものもあった。旨味が増す熟成のピークは、品種によって時期が違うことがわかり、ふたりの探究心に火がついた。品種を増やし、数年に渡ってデータを蓄積。品種ごとの個性をつかんでいった。

大きな収獲機がのっそりと、広い畑を往復する。村上農場では48ヘクタールの畑で、約30種類ものジャガイモ品種を生産している。この日はそのうち9種類を掘り出すという。サッシー、ノーザンルビー、ドロシー、シンシア、スタールビー、シャドークイーン、ジャガキッズなどなど。芋というより競走馬の名前のようにも聞こえる。土の湿気をまとったジャガイモは、乾いた状態よりも、赤や紫の皮の色合いが鮮明で美しい。

「ひとつひとつ違う野菜だと思って育てないと、いいものはつくれないんです」

農場長である知之さんの説明を

聞いて、「同じ芋なのに？」と、意外に思った。しかし、品種によって成長のスピードが違えば、樹のでき方や葉の茂り方、肥料の効き方も違う。もっといえば、種芋の管理の仕方ひとつで、その後の育ち方に影響する。それぞれの特徴を把握し、緻密な栽培計画と技術がなければ、芋はおいしく育たない。確かに。そこには、ジャガイモ栽培とひと括りでは語れない奥深さがある。

「同じことは販売にもいえます」

この農場のもうひとつの特徴が、知之さんは畑を、智華さんは販売をそれぞれ専任していること。夫婦単位での農作業が一般的な北海道で、ふたりの役割が異なる、まして営業職を置くことは極めて珍しい。時には互いの立場から火花散るバトルが起こるようだが、つくることと売ることがしっかりつながり、相乗効果を生んでいる。理想的な二人三脚である。

収獲した芋のうち140tを農協に、20tを加工用に出荷するが、それとは別に200tは旬の熟成ジャガイモとして、自分たちで販売している。しかも、毎年春には完売御礼の人気ぶり。スーパーをはじめ、レストラン、学校給食、個人客も多い。頒布会のファンもいる。注文は道外客がほとんどだという。

「連絡をいただいた時、ちょうど味がのっているお芋を薦める、という売り方をしています。おいしいお芋が欲しいのは皆さん一緒です。ただ、使い方や調理法など、その先に求めるものはそれぞれ違います。なので一軒一軒、電話やメールで細かく対応するのが、私の仕事です」

インターネットでの販売はしていない。ワンクリックでは伝えきれないものがそこにはあるからだ。

熟成を極めていくには、収獲のタイミングも重要だ。

「茎や葉が自然に枯れ、ジャガイモが土の中で完全に熟してから収穫しています。未熟なままだと、貯蔵しても雑味が出てしまう」

そういう経験を実際にしたと、知之さんは振り返る。

「あと2、3日待てば良い感じだったのに、天候や人間の都合を優先してしまったんです。わずかな差ですが、後で大きく響きました」

智華さんも頷き、後を続ける。

「味が良くても悪くても、味ができてきた道筋を毎年検証しています。その結果を翌年に反映させるためです。1回失敗すると、自分たちで半年間そのお芋を食べ続けなきゃいけないので、その辺は私たちも必死です。自分たちが納得できないジャガイモを、お客様に売りつけるわけにはいかないですから」

収獲が終わると、いよいよ熟成作業に入る。といっても、手づくりの大きな倉庫に芋を保管しておくシンプルな方法。カラマツ材を使った倉庫は、木の自然な呼吸と湿度が熟成に向いている。重要なのは、一定の温度管理だという。

「芋は0度以下になると凍り、4度以上だと芽が動く。常に1~2度に温度管理をしています。真冬の十勝は倉庫の中でも凍りつくほどの冷え込み。温度センサーをつけていますが、最終的には人の目でチェックしています」

村上農場には、もうひとつの熟成芋がある。「雪下熟成ジャガイモ」だ。単に雪の

NEW HOLLAND

中に埋めて貯蔵するのではなく、埋める場所や深さ、期間など、研究に研究を重ねた自慢の逸品。私も食べたことがあるが、甘さとコクのインパクトが違う。3月に掘り起こす、春のご褒美。こちらも楽しみである。

それぞれの熟成芋の出荷の時期は、どう決めるのだろう。

「ある程度、データと経験からわかりますが、最終的な判断はテイスティングで決めています」

シーズン中は少しずつ何度も芋を食べ比べるというが、これも繊細かつ根気のいる仕事だ。

細かい味の判断ができるように、村上家では日々の食生活を大切にしている。添加物や既製品は取らないように気をつけ、良い調味料を揃えるなど、味を利く感性を磨く努力は惜しまず続けている。

「私たちの食がちゃんとしていなければ、豊かな食生活を送っている方とのお仕事は成立しない。生き方と仕事が別のものにならないようにやっていかないと、結果は出てこないと思うんです」

その人の体は、その人が食べたものだけでできている。そんな言葉を思い出した。

徹底したプロ意識が、あの味をつくる。あらためて感じ入った。

「最初の7年は少しずつ農業に近づいた年月。その後の7年は熟成ジャガイモを届けるために奔走した年月。ほかの方には一歩ずつ積み上げてきた作業に見えるかもしれませんが、私にとっては壊す作業だった気がしています。小売店さんから新ジャガがほしいという要望に対して、なぜうちではお出しできないかを説明したり、品種ごとの特長や使い方の違いを一軒ずつお話したり、小ぶりなサイズの魅力を伝えたり。暗闇で先の見えない崖っぷちを歩いているような感覚でした」

味の良し悪しよりも規格サイズ在りきという野菜の常識、流通の都合が優先されるシステムなど、それまで当たり前とされてきた壁をひとつひとつ乗り越え、理解を求めながら、貯蔵熟成の価値を伝えてきた。

「ここにきて、壊したものをもう一度見つめ直し、新たに積み上げていく作業が必要だと感じています。ここからが本当はキツイのかも」

つぶやくようにいった智華さんの言葉に、さらなる覚悟を感じた。

農業とは生き様そのもの。食べものの向こう側につくり手の想いを味わうから、人はそのおいしさに心を動かされるのかもしれない。いや、きっとそうに違いない。

村上さんのジャガイモを味わいたい方へ

村上農場の熟成ジャガイモは約30種類。例年10月中旬〜3月下旬にかけ、熟成した品種から順に出荷しています。注文の時期によって、発送できる品種は異なります。完売の場合はご了承ください。詰め合わせのほか、単品のリクエストも可能。頒布会もあります。

〔 村上農場 〕

TEL 01564-2-4614

FAX 01564-2-4624

info@imomame.jp

http://imomame.jp

（メールフォームあり）

三野農園

三野伸治さん
〔1978年生まれ〕

三野　愛さん
〔1978年生まれ〕

ユリ根

出荷できるまで5年もの歳月を費やすユリ根。あの真っ白は肌は、つくり手の技術の証であり、プライドでもあるという。急逝した父親の想いと一緒に踏ん張った、若き農業者の物語。

淡雪のような白さとぽってりした曲線美。ユリ根はどこか母性を感じさせる野菜だ。一番の特徴であるその肌の白さは、つくり手の技術の証であり、プライドだという。それもそのはずで、栽培の苦労たるや、大変なことなのだった。

真狩村は日本一の生産量を誇るユリ根の産地。日本に流通する実に98%は北海道産である。そう聞くと、真狩では一面にユリの花が咲き、かぐわしい匂いに満ちた畑を想像するかもしれないが、ユリ根栽培では花を咲かせることはご法度。養分が花に取られぬよう、つぼみのうちに摘まなければならないのだ。

我々がユリ根と呼ぶのは、実際の根ではない。鱗茎と呼ばれる部位、つまり球根のこと。肉厚な鱗片が重なったもので、養分が貯蔵されている。鱗茎の上下にみっしり生えているのが、本当の根である。

ここで、若きユリ根生産者を紹介したい。三野農園の5代目、三野伸治さん。前のページでとびきりの笑顔を見せてくれているが、実はこの2ヵ月前、父親の富美夫さんを突然の病で亡くしたばかりだった。四十九日が終わって間もないとは露知らず、こちらが慌ててしまった。正直、取材なぞ受けたい気分ではなかったと思うが、万事に朗らかに対応してくれたのだ。

　今思えば、あの時の三野さんは、さまざまなプレッシャーに押し潰されまいと必死だったように見えた。妻の愛さんもこう話していた。

「朝から晩まで畑にいるんです。体を壊さないか心配で心配で」

　三野さんも胸中を吐露する。

「父が亡くなったことを言い訳にしたくなかったから、澄ました顔をしていましたが、あらためて昨年の春に置かれた状況を思い出すと、正直震えてしまいます」

　それはそうだろう。親子での農業経営はぶつかる場面が多いと聞く。12年間一緒に畑に立っていたが、いざ自分が主になると、当たり前にできていたことさえつまずき、不安ばかりがよぎる。心のどこかで父親に頼っていた部分が大きかった

と、改めて実感するのだ。道具ひとつ置いてある場所がわからない。肥料の加減、防除のタイミング、何より人手が足りない。こちらの思いをよそに、作物はどんどん成長する。畑にいなければ、何かをしていなければ……。

「ぶっちゃけ、途中からはほぼ開き直りでした。〝なんとかなるさ〜〟が、心の中の口癖でした」

晴れた日には羊蹄山を望む三野農園では、ジャガイモを主体にユリ根、大根、ニンジン、ブロッコリーのほか、三野さんの発案で始めたリーキ（西洋ネギ）などの西洋野菜も多数つくっている。

「その中でもユリ根が一番難しい。自分には少し荷が重いかもしれません」

ユリ根は手間暇が膨大にかかり、収獲まで4～5年もの時間を費やす。それだけ高度な栽培技術が要る作物なのである。

「それでもやり続けるのは、真狩の特産品だということもあるし、ほかの地域ではつくりたくてもつくれる作物じゃないから。ユリ根は土壌の質に頼る部分も大きい。真狩はユリ根に適した土壌なんです」

最初の種は農協で育てた子球を使う。ユリ根は病害虫に弱く、一番怖いウィルス病を潜在的に持たないウィルスフリー種子を増殖させたものが子球となる。それを畑に植えつけ、ある程度の大きさになったら、鱗片を1枚ずつはがして発芽させる。そこから毎年畑を移し替えながら養成球を3年に渡って育てる。その間、花芽を摘んだり、植え替えの際はひとつずつ土をきれいに洗い落とすなど、手作業によるこまめな世話が必要となる。そこまで手をかけるものなのかと、話を聞いているだけで気が遠くなりそうになる。

ユリ根は白さを重要視する。養成球の中に暗褐色の斑紋ができるアンコ症、表面が茶色くなるサビ症にならないように、徹底した土の管理、肥料の管理も大切な仕事だ。理想の土壌は、保水性と排水性が良いことだという。あれ、真逆な条件。矛盾しませんか。

「そう聞こえるかもしれませんが、わかりやすくいうと、ふかふかした土地のことです。ユリ根を植える前年の畑は、緑肥を蒔いて鋤《す》き込んで、畑を休ませながら地力を蓄えておきます。本当はほかの作物を植えると収益になるところを、我慢、我慢です」

養分を貯める鱗茎を大きく育てるには、それだけ土の栄養が必要になり、土中で傷がつかないようにするためには、やわらかさが大切になるのだ。また、連作障害を極端に嫌うユリ根は、一度使った畑は8年以上あけなければ、次のユリ根は植えられない。ただでさえ栽培品目が多い三野家では、輪作のやりくりが大変そうだ。

子球を植えてから5年目の秋、待ちに待った収獲となる。効率優先の近代農業に逆行するように、すべて手で掘り起こす。ユリ根は茎とくっついているので、くるっと回して取る。根を切って洗っておが屑に入れる。家族3人で秋から初冬にかけ、延々と手作業で行う。へたに触れると打撲や傷になるので、生卵のごとく、そっとそっと扱う。あまりに丹念な仕事ぶりに、書いているこちらも、思わず「ふぅー」とため息がこぼれる。

多少の傷や色づきは味には影響がないという。どの道、食べる時はバラバラにするのだし、そんなに白さにこだわらなくても……と、思うのだが。

「真っ白なユリ根はひとつの指針。そこを目指すことで、技術や自信につながるんです。サビがあってもいいなら、誰にでもできる。そうなればユリ根の価値は低くなるし、つくる甲斐がなくなるんですよ」

ふむ。その通りかもしれない。色の白さは自分たちの仕事の成果を映す鏡。繊細なユリ根を長い年月をかけ、手間を費やし、気を配り、大きく真っ白に育てることは、努力の賜物であり、誇りでもあるのだ。

上品な甘さとホクホク感が魅力のユリ根は、茶わん蒸しや正月料理の商材というイメージが強いが、三野家では普段どんな風に食べているのだろう。野菜ソムリエでもある愛さんに聞いてみた。

「そのままの味が好きなので、さっとゆでてサラダに入れたり、素揚げにしてもおいしいんですよ。使い慣れない野菜かもしれませんが、難しく考えずにいろいろ試してほしいですね。一番のお勧めはコロッケ。量はたくさん使いますが、幸せな気持ちになれる味です」

後日、三野農園のユリ根を取り寄せてみた。おが屑からそっと取り出したユリ根の

白さが眩しく、畑でうかがった話を思い出した。

早速、愛さんいち押しのコロッケに挑戦。贅沢にもユリ根１００％のコロッケである。ソースをつけるのがもったいなくて、そのまま頰張ってみた。ジャガイモとはまた少し違うほっくり感、そしてじんわりと広がる甘味。確かに、これは幸せな気持ちに浸れる味だ。皿に残った1個は、家族で仲良く分け合った。

一年の作業を終え、がむしゃらに突っ走ってきた三野さんが、振り返ってどんなことを思うのか、話を聞いてみたかった。その問いに、こんなメールが届いた。

「支えになったのは、いろんな方からいただいた励ましの言葉はもちろんですが、取り引き先や食べてくださった方々の変わらぬ反応でした。親父がいなくなった途端、味が変わったなんていわれるんじゃないかと、出荷するまでドキドキですよ。〝またお願いします〟の声がやっぱり僕らの活力であり、やり甲斐だとつくづく思います。

親父は志半ばで逝ってしまい、本人の悔しさを思うと夜な夜なトラクターの中で泣けてきて。いなくなった寂しさよりも、まだ現役でいたかったんだろうなぁって。そんな想いも引き継いで、農業で頑張ろうという気持ちでいます」

三野農園がある一帯は、真狩で最初に開墾された土地だという。その時から一代も途切れず100年余り、ここで野菜をつくり続けてきた。代々土を大切にしてきたから、今がある。自分も土を守っていきたいという気持ちは強い。

「次がやりたいといってくれた時、すぐに使える土地にしておかないと」

三野さん夫妻の間には、6代目（予定）もすでに誕生している。

「今年から新規就農を目指す若者を、従業員として招くことにしたんです。やはり家族3人では労働力が足りなくて。指導できるほどの技術はありませんが、教えることは自ら学ぶことだと思うので」

昨シーズンは、どうしても妥協せざるを得ないことが多々あったという。今年は自信を持って作業していくこと。そして、経営を自分のものにしたいという抱負を聞かせてくれた。農場主として、本当の意味でのスタートは今シーズンから。大きな目標に向かい、三野さんの奮闘は始まったばかりである。

三野さんのユリ根を味わいたい方へ

ユリ根の出荷は例年11月〜2月です。地方発送可能。ファックスまたはメールでご連絡を。年を越えたほうが、ユリ根らしいほっこりした食感を楽しめるのでお勧めです。保存はおがくずに入れたまま、芽が動かないように冷暗所で。使い方はジャガイモ料理同様と考えて良いと思います。まずは、コロッケやサラダ、素揚げで上品な甘さを堪能してください。

〔 三野農園 〕

FAX 0136-45-3350

info@farm-mino.com

http://farm-mino.com/

地豆生産者

平間正一さん

〔1930年生まれ〕

地豆

自家用につくり継がれてきた在来種の豆たち。人々の暮しに寄り添い、時には命を繋いできた存在だ。今ではすっかり希少になった地豆の話を聞きに、平間さんを訪ねた。

師走間近のオホーツク・湧別町。冷たい風が吹きつける中、平間正一さんは道に迷った私たちを家の外で待っていてくれた。

間もなく白い季節を迎える殺風景な畑には、〝棒立て〟がまだ2つ、3つ残されていた。

「まぁず、今年は変わった年だぁ。豆もなかなか乾かなくて」

棒立てとは昔ながらの自然乾燥の方法。〝棒ニオ〟とも呼ばれている。中心に棒を立て、さやをぶら下げた豆をその周りに積み上げていく。この積み方が一番風通しが良いのだという。太陽の光と自然の風でしっかり干し上げた豆は、色艶も風味も違う。今ではすっかり見る機会が少なくなった、この地域独特の知恵であり、晩秋の風物詩でもある。

本来ならすでに脱穀が終わっていてもいい頃だが、取材した年は思わぬ長雨や暑さの影響で作業は全般に遅れ気味。一部の豆は棒立てにしたままだ。さやを触り、乾燥の具合を確かめる平間さんの表情は渋い。

薪ストーブが温かい居間でお茶に呼ばれた。壁にかかった金婚式の写真を眺めながら、平間さん夫妻の話に耳を傾ける。合間に柿やら漬物やらを勧められ、親戚の家に遊びに来たような、穏やかな時間が流れて行く。

ゆったり話す温和な平間さんに対して、ちゃきちゃきと底抜けに明るい妻の静枝さんは、まさにおしどり夫婦。現在でもふたり仲良く畑に立つ。

「俺に歳、聞くのかぁ。八十過ぎだもの、もうできないよ。遊び半分さ」

「年金もらいながら、その傍らでちょこちょこやっているんですよ」

ふたりはそういうが、平間家の畑は広い。ジャガイモやカボチャなど、いくつもの野菜をつくっている。敷地内で開く直売所は、好調な売れ行きらしい。

「じっとしてるとダメなんだ。小さい頃から親にいろいろやらされてっから、体が動かさる。もう染みついちゃってるんだろうさ」

「フッハッハッハッ」
ふたりは顔を見合わせて笑う。

平間さんのところには、〝地豆〟の話を聞きに来た。北海道の農家が自家用につくり継いできた在来種の豆がある。それを地豆と呼んでいる。

前川金時、貝豆、さくら豆、パンダ豆、紅しぼり（おいらん豆）、マンズナル……まだまだある。虎豆の一種のパンダ豆は、白と黒の染め分けが由来。紅しぼりは白地に赤紫の模様が艶やかだ。地豆は名前も斑紋も実に楽しい。

小豆や大豆など一般的に栽培されている豆は、成長が早く収量が多いなど、品種改良を重ねたハイブリッドな豆（F1種）。地豆は収穫した豆の中から良いものを選び、翌年に蒔く。それを繰り返すことで、豆はどんどん土地の気候風土に合ったものとなる。均一性や収量には欠けるが、時間をかけな

がら人々の暮しに寄り添う作物となってきた。

平間家では10種類以上の豆を栽培しているが、地豆は前川金時、貝豆など5種類ほどを大切に守っている。

前川金時は深い紫色をした風格漂う豆で、コクのある味わい。貝豆はその名の通り、貝殻のような模様が個性的。胚芽の部位が貝の蝶番のようにも見える。さっぱり上品なおいしさがあり、栽培している人が少ない希少な在来種である。

偶然だがここに来る途中、寄り道をした道の駅で、貝豆でつくった餡パンを見つけた。やさしい味だが後から旨味がじわじわと広がる。舌触りもなめらか。すっかりファンになってしまった。

「そうなの。どの豆もちょっとずつ味や香りが違うの。餡子にしたり、煮豆にしたり、ご飯や煮物、パンに入れて焼くこともあるんだから」

静枝さんは料理上手とお見受けした。

「なーんも、そうしないと生活していけんかったからね。全部手づくりしたんだよ。若い人は既製品に頼るけど、私ら買ったことないものね」

そういうと素早く立ち上がり、冷蔵庫から手づくり味噌を出してきてくれた。少しいただくと、塩角がまるく、大豆の甘みがふんわり。お世辞抜きにおいしい味噌だった。そう伝えると、にかっととびきりの笑顔を見せてくれた。

その様子を楽しそうに見ていた平間さんは、ポツリポツリと昔話を始めた。

尋常小学校に通っていた頃、父親がこの地に入植を決めたという。

「芋でもカボチャでも腹いっぱい食わしたくて、親爺はここに入ったもんさな。俺、兄弟が8人だったもんで。だども、学校さ行くのが遠くなって、俺、随分文句ば親爺にいったもんさな」

長男だった平間さんは父親を手伝い、田んぼや畑の仕事に精を出した。当時は今より気温が低く、凶作が多く苦労したという。

2度の大戦にも翻弄された。働き手が足りなかったため、雄網線の駅舎で手伝いをした。鉄道の仕事は面白く、「学校を卒業したらここで働きたい」と、少年の胸には明るい希望が灯っていた。献身的な働きぶりを評価した駅の関係者が、平間家に挨拶に出向いたが、父親は首を縦に振らなかった。

「俺が行ったら、家の働き手さいなくなる。そういう時代だった、俺の時代は。だ

からしゃーない、百姓になった。親のいうことは、聞かんきゃならんもんだと、思ってたんだべなぁ」

横で静枝さんも頷く。ふたりは知人の紹介で結婚したという。

「まだ弟も妹も小さかったから、俺の子どもみたいにして育てたんだよ」

「そうだそうだ。高校出して、嫁にもここから出してね」

「豆は家で食べる用につくったんだ。米に豆を入れて、米だか豆だかわからんようにして食ったもんさな。飽きないかって？　飽きないよ。今でもやっぱり豆さ食べたいと思うもんさな」

ストーブにくべた薪がはぜる。

戦中、戦後、苦しい時代を地豆で命を繋いできた。そして迎えた高度経済成長の時

代、3人の子どもと親兄弟を支えるため、暮らし向きは「ゆるくなかった（厳しいの北海道弁）」と振り返る。その間ずっと苦楽を共にしてきた地豆は、同士のような存在なのかもしれない。

昼夜の寒暖差が大きなこの一帯は、でんぷん質が多く味の良い豆ができるという。自家用の延長ということもあるが、作物には農薬や化学肥料をむやみに使わない。生活同様に農業でも既製品は使わず、希釈した元酢で消毒や虫の忌避に使う。農業は知恵である。

地豆の栽培期間はおよそ半年と長い。春の終わりに種（豆）を蒔き、秋に蔓が枯れ切ると、いよいよ収穫シーズン。絡まる蔓と格闘しながら、手で刈り取りをする。その後は島立て、棒立てなどの自然乾燥を経て、迎えた晩秋にようやく脱穀と相成る。

「殻竿《からざお》って知ってるかい。あれでたたいてさやから豆を弾いて、唐箕《とうみ》にかけるんだわ。風を送って豆とそれ以外を分けるのさ」

平間さんの説明に登場する殻竿も唐箕も、郷土資料館に行けば、必ずといっていいほど展示されている昔の農具。それを現役で使っているとは恐れ入った。

北海道はご存知の通り、豆類の栽培面積が日本一である。面積の多い農家ではコンバインを入れ、収獲と脱穀を同時に行う。あっという間の作業だ。乾燥が不十分な豆が混じっていても、そのまま出荷して作業は終了。あとは農協にお任せ。地豆はそこからもうひと仕事、手間をかける。

「豆をね、手で選っていくの」

シワがよった未熟豆、乾燥が良くない豆、割れ豆などを選別する。種類が一緒くたになっているので、品種ごとにも分けていく。延々と細かい作業が続く。

「選ぶのは大変だけど、楽しんだわ。食べるのが好きだから、選るのも楽しい。なーんもせずじっとしてるより、選んでるほうがいいのさ。ふたりでケンカしいしいやるんだ」

「そうそう、ケンカしいしいね。ワッハッハッハッ」

静枝さんの笑い声はどこまでも明るい。平間さんは、この笑い声に助けられたことが多かったのでは……と、想像してみた。

「俺らは貧乏だったけど、今の貧乏と違ってさ、昔のほうがいい時代だった。金はなかったけど、物々交換したり、なんでも自分たちでつくったりしてさ」

「今はどこ行くんでも、ガソリン代だなんだとお金がかかるでしょ。みんな大変だわね。あら、帰るのかい。牡蠣の佃煮があるから持って行きなさい。ほれっ」

お土産を持たされ、平間家を後にした。振り返ると、いつまでもふたり並んで手を振っていた。帰り道、自分の幸せの在り方をそっと考えてみた。

平間さんは地豆を、隣町の遠軽町にある「べにや長谷川商店」に卸している。創業は昭和元年。雑穀などを扱う商店で、先代の当主からつきあいがあるという。べにや長谷川商店ではこの地域の地豆を積極的に買い付け、豆料理など食文化を含め全国に発信している。店舗にお邪魔すると、さまざまな地豆が並んでいた。どれも個性的で愛らしい。食べて良し眺めても良し。平間さん夫妻に会った後だから、ことさら小さなひと粒が愛おしく思えた。

平間さんの地豆を味わいたい方へ

平間さんがつくる貝豆、前川金時などは「べにや長谷川商店」で扱いがあります。地方発送可能。前川金時は定番ですが、煮豆でまずコクのあるおいしさをどうぞ。この地域独特のおやつ「ばたばた焼き」のつくり方はべにや長谷川商店のHPで紹介されています。貝豆はさっぱりした餡のほか、洋風料理にも活躍します。

〔べにや長谷川商店〕

TEL 0158-42-2490

http://beniyahasegawa.cart.fc2.com/

（インターネット通販可）

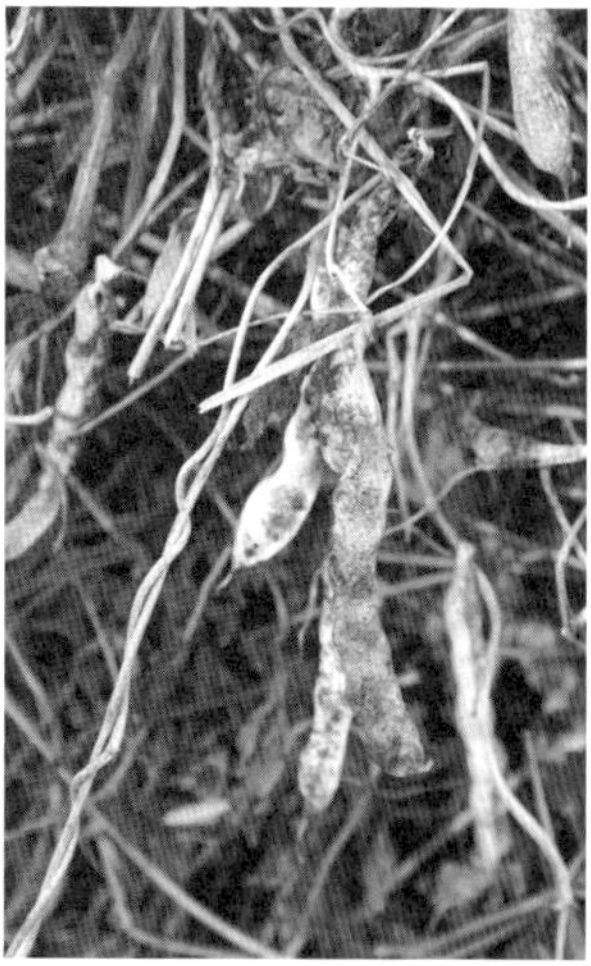

大地のつくりびと

命をいただく。
そんな言葉が一番あてはまるのが、
畜産であり、酪農ではないだろうか。
命の誕生を手伝い、育て、食卓へと送る生産者は、
その鼓動の価値を伝えるつくりびとでもある。

短角王国　高橋牧場

高橋祐之さん

〔1958年生まれ〕

短角牛《たんかく》

襟裳の厳しい環境が育む、旨味の深い赤身肉。短角牛は半農半漁の暮らしを支えてきた、大切な風土の産物。海と山を見つめながら、希少品種にこだわり続ける守人。

「何もない春」

かつてレコード大賞を受賞した楽曲の中でそう歌われた、えりも町は襟裳岬。青い太平洋を右手に眺めながら岬へ向かうと、民家は徐々に少なくなり、丘陵地帯がしばらく続く。強い風を遮るものはなく、木々は地を這うように極端に背丈が低く、不気味な形に枝を伸ばしている。この風景を目の当たりにすると、厳しい環境ゆえ、あえて「何もない」という言葉を選んだ、「襟裳岬」の作詞家の意図がわかるような気がした。

「短角王国　高橋牧場」（以下、高橋牧場）は、襟裳岬まで車で5分のところにある。2基の巨大な風力発電用風車が目印だ。高橋祐之さん一家は、ここで日本固有の日本短角牛種を育てている。

短角牛は旧南部藩で飼われていた南部牛に由来する牛で、茶褐色の毛と愛らしい瞳、短く切り揃えた角が特徴。岩手県を中心に東北や北海道で生産されているが、飼育頭数は減少。日本の肉用牛総頭数の1％にも満たないといわれている。食の世界遺産に例えられる「味の箱舟」（国際スローフード協会）に登録されるなど、品種の消滅が今心配されている和牛である。

「来ぉーい、来い来い、来ぉーい！」

広大な丘陵地に向かって、高橋さんはよく通る声を張り上げ、車のクラクションを鳴らす。「まさか!?」とは思ったが、遥か彼方から短角牛の群れが近づいてくるではないか。大地がのっそりと動いているようで、壮観である。

「肉牛でこんなに人慣れしているのは珍しいですね」

今回の取材パートナー、写真家・岩浪睦さんがカメラを向けると、興味津々の様子で牛たちがゾロゾロと集まってきた。畜産農家を多く撮影し、肉牛を見慣れている岩浪さんが、短角牛たちの歓迎ぶりに右往左往している様子が何ともいえず面白い。

高橋牧場では春から初冬にかけ、海を望む牧草地で短角牛を自然放牧している。自分の敷地と町営放牧場を合わせ、その広さは80ヘクタールもある。いくつかのグループに分け、牧草地を移動さ

せながら、2年以上の歳月をかけてじっくり育てる。牛を集め移動させる際、例の呼び声が牧笛代わりとなるのだ。

摂餌も交配も出産も牛まかせ。高橋さんが気づかないうちに、子牛が産まれていたこともあるという。そのくらい自由でのびのびした環境。肉牛の多くが生まれてすぐ母牛から離され大きくなるが、ここでは半年以上、親子が仲良く寄り添って過ごす。母乳をたっぷり飲むことで、仔牛の免疫力が高まり健康に育つ。小さい時の環境が、その後の肉質の良し悪しを大きく左右するというのだ。おまけに母親の愛情もたっぷり注がれる。通りで、ここの牛たちは穏やかで幸せそうな顔をしている。

えりも町に短角牛が導入されたのは、明治28年頃のこと。昆布漁の凶漁対策のため、町が半農半漁を推奨した背景がある。高橋さんも夏場の3ヵ月は、昆布漁のため海に出る。今は半農半漁というより、農のウェイトが大きいが、それだけでは収入が安定しないため、昆布漁を続けているという。

えりもの海で採れるのは、最長で7mにもなるミツイシコンブ。通称、日高昆布。ダシにも食用にも向く万能昆布だ。風が強く霧が多いこの地では、出漁できる日は限られてしまう。寒さや風に強く放牧飼育に優れた短角牛は、厳しい漁業者の暮らしを

支えてきた、大切な風土の産物なのである。

短角牛は上質な赤身が自慢だ。アップダウンのある放牧地で十分に動き、牧草を主体に育つため、脂が少なくヘルシーな牛肉ともいえる。ところが、霜降り信仰が未だに根強い日本の食肉市場では、短角牛の評価は残念ながら高くはない。えりも町の兼業漁師は10数戸ほどあるが、市場で高値がつきやすいが黒毛和種や、短角と黒毛の交配種の生産に転換している。純血の短角牛生産者は高橋牧場ただ一戸になってしまった。

「うちが頑張らないと、いつかは消えてしまう品種だから」

高橋さんが短角牛にこだわり続けるのは、そんな真っ直ぐな思いがまず第一。日本短角種の生産頭数が全国で1万頭まで減少したといわれる中、高橋さん一家は約200頭の短角牛を守ろうと踏ん張っている。

もうひとつ大きな理由がある。かつての襟裳岬は、原生林で覆われていたという。一年を通して強い風が吹きつける岬は、人にも動植物にも厳しい環境。開拓で入った人々が、薪にするなど生活のために木々を切らざるを得なかった。木がなくなった森は一気に砂漠化。風で舞った赤土が海に流入し、生活の糧である昆布や鮭など、海の資源に深刻なダメージを与えた。そこで１９５３年（昭和28年）、砂漠を緑化する一大プロジェクトが始まった。さまざまな努力とアイデアで、半世紀という膨大な時間を費やし、ようやく緑が戻ってきた壮絶な歴史があった。

岬にもっとも近い場所で牧場を営み、先代もご本人も緑化活動に参加した高橋さんはこう語る。

「農業が海を育て、水産が山を育てる循環型の生産を守りたいんだよね」

短角牛を放牧することで糞が良質の堆肥となり、健康な土壌をつくり、牧草が育つ。土の養分が海へと注ぎ、昆布の森を守る。放牧の密度が、山にも海にも影響する。

「自然にはいろんな作用がある。見えるところばかり見ていちゃダメなんだよね。見えないところも見ないと。今と来年、10年後を見ていかないとさ」

海と山を見つめてきた、高橋さんならではの視点だ。

高橋牧場は以前、短角の仔牛を生産し販売する繁殖農家だった。牛肉の輸入自由化に伴い、20年前に肥育まで行う一貫生産農家へ転向。一般市場に肉を出荷せず、「えりも短角牛」というブランド名で独自に販売ルートを開拓してきた。直売、地方発送を中心に精肉と加工品を販売。なかには、えりもらしい昆布入りのハンバーグもある。毎月短角牛が届く会員制の「短角王国の会」には、約１３０名が登録。少しずつ短角ファンを増やしてきた。

「もっと気軽に食べてもらえる場所があれば」

そう思った高橋さんは、２００２年にファームイン兼直売所「守人《まぶりっと》」を、その翌年に焼肉小屋「短々」をオープン。守人とは、放牧中の牛を管理する人を尊敬を込め呼ぶ東北地方の言葉だという。

ファームインの夕食は、短角牛の焼肉を楽しめる。満腹になって、ふと見上げた星空の美しさといったら、言葉にできないほどだ。8月の晴れた朝なら、海や昆布漁を眺めながら昆布干し場で朝食を味わえる。生産者の暮らしに触れられ、交流できることが何より楽しい。

潮風が運ぶミネラルを含んだ牧草を食べているせいか、えりも短角牛は赤身の味が深い。噛むごとに脂ではない、肉本来の旨味が広がる。サガリは脂の甘さに驚く。すぅっと脂が消えるせいか、後味がすっきりしている。自然の中で健康的に育った短角牛は、食べているこちらも気持ちがいい。霜降り肉の味わいとはまた違う、新たな肉の世界観が広がるはず。少し大袈裟だが、北海道の食の幅広さが実感できるかもしれない。

高橋さんは出荷前、牛の味を仕上げる段階で飼料として国産小麦を与えている。これでぐんと旨味が増すという。昨年からは石狩当別町の生産者「大塚農場」に餌用の米の作付けを依頼。低農薬・減化学肥料で栽培した米を与え、より付加価値の高い肉質を目指している。

最近はようやく霜降り至上主義に風穴が開き、赤身牛が人気を集めている。短角牛をはじめ赤身主体の牛肉は生産や流通が少ない分、つくり手の想いが味にのって届きやすく、応援したい気持ちも強くなる。味の良さに加え、そんな観点からも赤身牛を積極的に使う、気骨のあるレストランが増えてきた。

「赤身肉のおいしさは、以前から料理人の中でも注目されていたのさ。でもね、使ってくれるお店が少なくてね。霜降り和牛じゃなくても、お客さんに納得してもらえる。そんな時代がやっと来たんだよね」

感慨深そうにつぶやく、高橋さんの20年を想った。

時代によって人の嗜好は変わる。そういってしまえばそれまでだが、多彩な味の魅力が認められることは良いことだ。ガチガチだった日本の肉の価値観が、一歩前進したようにも見える。

えりもの風土、そこに暮らす人々、えりも短角牛。それぞれが支え合い、守ってきた希少な味を食べ支えていけたら……。そう思うのだ。

高橋さんの短角牛を味わいたい方へ

えりも短角牛は、ファームイン「守人」内の直売コーナー（火曜日定休、9時〜17時）で販売するほか、地方発送も可能です。ステーキや焼き肉用の肉、ハンバーグなどの加工品まで多彩なラインナップ。詳しくは近日公開予定のＨＰをご覧ください。

〔短角王国　高橋牧場〕

幌泉郡えりも町えりも岬406-1
TEL/FAX 01466-3-1129
※17時以降のFAX 01466-3-1642

牧場タカラ

斉藤 久さん

〔1944年生まれ〕

斉藤信一さん

〔1976年生まれ〕

放牧牛乳

乳量を多く搾る経営から放牧の小規模経営に大きく方向転換。牛に無理をさせず、無農薬・無化学肥料の牧草をたっぷりと。夢を育む牧場の、自然のままの幸せな牛のミルク。

良いものを食べていれば健康だ。というほど今の世の中、簡単ではないが、良い食事が健康を支えていることは確かである。それは人間も牛も同じことだ。

牛と草の力を信じ、放牧で酪農を営む家族経営の牧場がある。「牧場タカラ」は、〝夢を育む〟という意味を持つアイヌ語から名づけられた。青い空、緑の牧場、のんびり草を食む牛たち。その向こうには〝双子の羊蹄〟が見える。蝦夷富士の愛称で親しまれている羊蹄山、そして尻別岳は、標高がまったく違うが、ここから眺めると双子のように似たような背格好で並んでいる。まるで絵に描いたような絶景。夢を育む牧場にはぴったりなロケーションである。

「何か感じるものがあったんだろうね。ここを選んだご先祖さまに感謝だね」

牧場タカラの精神的支柱、父の斉藤久さんは、そういって双子の羊蹄を見上げる。斉藤家はここで約１００年、農業を続けている。

喜茂別町の国道２７６号沿いに見えるこの絶景は、今でこそ有名なビュースポットだが、10年前まではそこに牛の姿はなかった。牛舎の中で牛を飼うスタイルの酪農を行っていたのだ。

乳量重視の経営。多くの穀物飼料を与えると、牛は多く乳を出すが、お産が重くなったり、長生きできない牛が増えた。トラブルも多かった。

「俺はずっと牛をいじめてきたから。一日に6回も搾乳したこともあった。ずい分、牛に悪いことしたなぁって思うよ」

久さんは寂しそうに話す。大規模化を奨励する旗印の下、多少の機械化はしたものの、設備投資の波には追いつけなかった。高収益だが手元に残るものはわずか……。

「翻弄された。100%翻弄されたね。補助金があればこっちに行くし、いい餌があると聞けばそっちに流れた。いろいろやったみたけれど、人のいうことに振り回されているうちは、どれも自分のものにはならないってことに、ある日気づいたのさ。30年やってきて、ようやく失敗だとわかったんだよね」

行政のいうことを聞かない代わりに、補助金もいらない。すべて自分たちの責任でやっていこうと腹を括った。

大学を卒業した長男・信一さんが、実家で就農するタイミングだったことも重なり、思い切って経営スタイルを大きく方向転換した。放牧主体で乳質重視へと一新。新たな牧場名には今後の牧場の在り方、家族の想いを託した。

飼育する乳牛は、育成牛も含めておよそ50頭。そのすべてに名前をつけて世話をしている。

牧草地に近づくと、好奇心旺盛な何頭かが電気牧柵ギリギリまで寄って来た。どの牛も毛艶が良く輝いて見える。そう伝えると、放牧と牛乳製造の責任者である信一さんが、面白いことを教えてくれた。

「秋はセカンドフラッシュといって、牧草が次の年のために栄養を蓄えるので、それを食べる牛は必然的に見栄えが良くなるんです」

紅茶の春摘み、夏摘みのように、牧草にも春と秋に旬があるという。それにしても、ツヤツヤで美しい牛たち。道内各地を移動していると、車窓から牧場を眺める機会は多いが、惚れ惚れするほどきれいな牛を見ることは意外に少ない。あまり誉めると信一さんが激しく謙遜するので、それ以上の言葉は控えたが、人間の愛情が牛にちゃんと伝わっている。そんな風に見えた。

乳牛はご存じの通り家畜なので、自分の力だけでは生きていけない。家畜として飼って命を分けてもらっている以上、自分たちが考えうる最大限の環境を整えるのが飼う側の責務。斉藤家ではそう考えている。

例えば、牛が前に進もうとしないのは、それなりの理由がある。言葉が通じないだけで、きっと何か思うことはあるはずだ。蹴ったり打ったりせず、そこを考えてひとつひとつ解決していく。さらには土地に生える草を食べさせること、牛に無理をさせないこと、健康的に育てること。これらは最終

的に製品のクオリティにも直結するということ。乳量を重視していた頃の反省も踏まえ、行き着いたのはシンプルな答えだった。

また、乳質を重視するため、牧草の管理にも気を配っている。12ヘクタールの放牧地と35ヘクタールの採草地を持ち、農薬も化学肥料も使わず、太陽と土の力で牧草を育てている。牧草を発酵させたサイレージと呼ばれる干し草は、青草がない冬〜春の約7ヵ月間、貴重な餌になる。何百トンものサイレージを自家栽培だけでまかなっていることも、こだわりである。

ホルスタイン種は、穀物など多くのエネルギー、カロリーを摂取し、乳に変えるよう品種改良された乳牛だ。かといって過度な穀物依存は、牛の生理に無理をさせることになる。しかし、草だけ食べさせていては痩せてしまう。理想は牧草だけで育てることだが、体調を維持できる必要最小限を見極め、穀物系の配合飼料も与えている。

牛の幸せは大切。でも、家族が不幸になってまで理想を追い求めるのは何か違う。妥協する部分もあるが、最大限の努力は怠らない。工夫も勉強も失敗もする。その積み重ねこそが大切だと、信一さんは感じている。

「農業っていろんなジャンルがありますが、太陽の光をいかにモノに変えるかが発想

の基本。農器具の新しさや農場の規模で勝負じゃなくて、アイデアと太陽で勝負。そこが飽きずにのめり込める魅力かもしれませんね」

牛乳の世界は少し複雑だ。自分で搾った生乳を自分で牛乳にできない決まりがある。農林水産大臣に指定された「指定生乳生産団体」が、各農家から生乳を一括集荷し、乳業メーカーに渡す仕組みが徹底されている。メーカーの多くが高温殺菌し、牛乳の成分を均一化するホモジナイズド処理を行い、パックに詰める。特別な牛乳を除き、酪農家の名前はおろか、集荷した地域名さえ市販のパッケージに記されることはない。

北海道の場合、指定生乳生産団体はホクレン農業協同組合連合会となる。農家は指定の生産を行い出荷すると、安定した経営ができるといわれてきたが、輸入に頼る穀物飼料の高騰、乳価の下落など、今ではそれもおぼつかない状況にある。酪農経営は規模拡大か、牛乳に付加価値をつけて自主流通させるか、第6次産業を目指すか。その岐路にあるように見える。

自主流通の道としては、指定生乳生産団体に「委託製造販売」という許可を得ると、わずかな量だが酪農家も自家プラントで牛乳づくりが可能になる。斉藤家では

この方法を利用している。プラントと呼ぶにはこぢんまりしているが、敷地内にも小さな施設をつくった。搾った生乳の9割は出荷するが、残りは自家製造牛乳「幸せな牛のミルク」として販売。牧場の直売所に置くほか、週に2回、家族で手分けして近隣の町村約150軒に宅配をしている。

「宅配でも直売でも、飲んでくれる人の顔を見て牛乳を手渡すことは、自分で売る責任だと思っている。昔は失敗があっても頭をかいてりゃ良かったけどね。お褒めの言葉もお叱りの言葉も、すべて自分たちのものだから、素直に受け入れられるね」

消費者がその日に買う牛乳の銘柄は、店頭価格で変わるものだ。久さんは値段ではないつきあいをと、宅配先には細やかな心配りを大切にしている。

「この軒数なら、お客さんの事情もわかるし、冠婚葬祭のおつきあいもできる。まぁ

1年分の牛乳代が、1回の冠婚葬祭費で消えちゃうこともあるけれどね」
久さんの気持ちのいい笑い声に、こちらまでつられてしまう。一方通行ではない、双方向だから築ける関係が素敵だ。

幸せな牛のミルク。牧場名同様、心惹かれる商品名からは、放牧地で会った愛情たっぷりに育った牛たちの姿が浮かぶ。瓶は潔いほどにシンプル。普通の透明な牛乳瓶で、キャップ以外には何も描かれていない。直売と宅配が主体なので、文字や絵は必要ないという。その分、安く提供できる。そして、外見より中身。そんなメッセージにも感じられる。

製法は低温殺菌のノンホモジナイズドを採用。殺菌方法で許可されている、一番低い温度の65度で30分かけて殺菌処理をしている。脂肪球を均一化しないノンホモ牛乳なので、そのまま置いておくと脂肪の層ができる。搾りたてに近い、自然のままの風味を大切にしている。もっといえば、タカラの牛乳は夏と冬では味が少し異なる。青草をたっぷり摂る夏は、あっさりめ。干し草を与える冬は水分が少ない分、ちょっと濃厚に感じる。これもまた自然のまま。四季を通していえるのは、ベタつくような過熱臭がなく飲みやすい。喉をグングン流れていく感じだ。

「牛を見て、飲みたくなって、飲む牛乳の味は一入《ひとしお》でしょう。想いが味を増すって、そういうことだよね」

瓶牛乳を青空の下で飲むのは、なんて気持ちがいいんだろう。牛乳の味は飼い方と製法で決まるのだ。

斉藤家には信一さんのほか、息子が2人いる。チーズづくりを学んで戻ってきた三男の愛三さんは、チーズ工房を設立した。

「両親や兄夫婦が丹念に世話をした牛の乳を使って、何かをしたいと思っていました。発酵食品に興味があったので、チーズの道に進んだのは、ある種、必然な流れですね」

直売所も三男夫婦が担当してい

る。夏季の週末限定で長男夫婦がつくったソフトクリームを販売しているが、牛乳をそのまま食べるような味わいが好評だという。毎週違う牛の牛乳を使うため、その牛の名前と写真を貼り出す「牛替わり放牧ソフト」の工夫も、この牧場らしいアイデアだ。

大きく人生の方向転換をしようとする時、これまで積み上げてきたことは決して無駄にはならない。斉藤家の話を聞いて、そんなことを思った。確かな経験からしか何も紡がれることはないし、何をどう感受するかで生み出されるものは違ってくる。食を取り巻く環境が変わり、慣行の方法が見直され、農の在り方が問われている今、経営方針を一変した10年前の決心、その覚悟は、見事なものだったと感じ入る。いずれにしても、思い切って踏み出してみなければ何も始まらないのだ。

斉藤さんの牛乳を味わいたい方へ

牧場タカラの敷地内にある直売所で購入できます。放牧牛乳「幸せな牛のミルク」のほか、チーズも用意。ソフトクリームは5月〜9月の土日のみ。直売所は水曜日定休で10時〜16時まで営業。このほか、「郷の駅ホッと きもべつ」で週末に幸せな牛のミルクを販売しています。

〔牧場タカラ〕

虻田郡喜茂別町字中里2-5

TEL 0136-31-3930

ファームブレッスドウィンド

上泉　新さん

〔1969年生まれ〕

上泉畔《はん》菜《な》さん

〔1973年生まれ〕

黒豚

厳しい環境を味方につけ、新規就農から間もなく10年。いかに豚が元気で居心地よく過ごせるかを考えてきた毎日。豚とひとつ屋根の下に暮らす、養豚家夫婦の話。

北海道開拓の厳しさを詠んだ有名な句がある。

「開墾のはじめは豚とひとつ鍋」

人間と豚は同じものを食べ、苦しい時世を共に乗り越えてきた。その頃から豚は道産子にとって身近な存在だったのである。あの時代から130余年、ひとつ鍋ならぬ、「豚とひとつ屋根の下」で暮らす養豚家がいる。

上泉新さん、畔菜さん夫妻が営む農場「ファームブレッスドウィンド」は、せたな町の丘陵地「がんび岱」のほぼてっぺんにある。丘の道を進むと、車窓には日本海が広がり、その手前には草を食む牛たちの姿が。実に爽快である。

ところが冬は、誰が呼んだか「せたなのシベリア」。まちの人は決して寄りつかない。片側にしか枝を伸ばさない木々が、環境の厳しさを物語っている。実際、すぐそこに停まっている車まで、ゴーグルなしでは辿り着けないほど、強い風雪の日があったという。

「ここで豚を飼うのはやめようと思ったこともありました。それでも、発想の転換で強い風を味方につけるくらいの気持ち、方法でやっていきたいと思って。元々、創意工夫できる農業を目標にしていましたから」

「farm Blessed wind」。祝福された風という農場名には、そんな想いが込められている。

赤い屋根の大きな牛舎が、親子3人と黒豚45頭の住まいだ。3分の1を住居に、残りは広々とした豚舎に改築した。もちろん、住居と豚舎の間に仕切りはあるが、外観を見る限りでは文字通り、ひとつ屋根の下!

居間に通された時、失礼なこととは思いながら、室内の匂いをクンクンと確かめてしまった。いわゆる家畜臭は一切しない。おが屑やもみ殻を微生物で発酵させるバイオベッドを豚舎の床に敷きつめているのだそう。そのおかげで糞尿が分解され、臭いが抑えられる。隣が豚舎とは思えないくらいだ。

「でも、そこの戸をガラっと開けると、すぐ豚小屋なんですよ。寒さが厳しい日は外に出なくても豚の世話ができる。ブギャーと鳴き声が聞こえると、すぐに駆けつけられる。何かあってもギリギリ間に合う距離なんです」

ひとつ屋根の下暮らしの様子を、畔菜さんは楽しそうに説明する。

特にお産の時、戸を一枚隔てた距離感が大いに役立つ。一般的な養豚では、産後の母豚を分娩柵に押し込める。柵は寝返りができるかどうかの狭さ。体重は100キロ越えの母豚が、赤ちゃんを踏んで圧死させないためだ。しかし、上泉家では分娩柵は設けない。豚舎にカメラを設置。パソコンにつなぎ、その前に布団を敷いて寝ずの番。母豚が寝返りをうって、赤ちゃんをつぶすような様子が見えたら、すぐに飛んでいく。

「乳質が悪くなったり食欲が落ちたり、分娩柵は豚にとって大きなストレス。柵がなければ、母豚は自由に動き回れるので元気だし、子豚はおっぱいをたっぷり飲める。哺乳期間も長くとっています。経済効率を落とすことになるけれど、親子にとってそれが自然なことだから」

黒豚は元々子育て上手だが、自然のサイクルで育てていくと、出産を重ねるたび、母豚は子豚の扱いがどんどん上手になるという。答えは原点にある。

新さんの前職は農業高校の教師。理科を教えながら、なぜか養豚部の担当になったことから、人生は大きく変わり始める。

「自分なりに方法を模索して、それを実現する面白さや喜びを感じてからは、養豚が楽しくなっちゃって。豚に負担をかけず、小規模や有機でやる養豚農家は少なかったので、自分が関わって変えていく余地がある仕事じゃないか、と思って。それで、農場を持つことを夢見るようになったんです」

知人を頼ってせたなに移住。気持ちははやるが養豚への道はなかなか開けない。鬱々としていた気持ちを励ましてくれたのが、畔菜さんだった。そして、ふたりは恋に落ちた。

「豚を一緒にやらないか」

これはプロポーズの言葉。資金も約束された将来もない。それでも不思議と不安はなかったと、畔菜さんは笑う。

「かえって何もないところからつくり上げていくほうが、喜びがあるんじゃないかと思って。開拓でこのまちに入って酪農を始めた父を見てきたので、そう感じたのかもしれないですね」

2002年、結婚と引越、牛舎の改築、養豚、すべてよーいドンで始まった。

ファームブレッスドウィンドでは冬と初春を除き、黒豚を放牧している。〝早打ちボンド〟の名誉ある称号を持つ父豚と将来有望な見習いオス豚、それぞれに性格が違う母豚が3頭、そして順次生まれ、出荷される肉豚を合わせて平均45頭前後と、かなりの小規模経営。日本の平均飼養頭数は1400頭以上。もしかしたら日本一小さな養豚農家なのかもしれない。

憧れの養豚を実践するに当たり、ふたりは3つの約束をした。1、豚が本来持つ自然の力を引き出すこと。2、豚のしたいことをさせてあげること。3、不要な痛みは与えないこと。

痛みの具体例を挙げると、豚のしっぽを思い出してもらいたい。飼育されている豚の多くは、実は極端に尾が短い。豚はストレスがかかると尾をかじる悪癖があり、傷口から病気を発症しやすい。産後間もなく尾を切断するのが、業界の慣例だという。ふたりはこう考えた。ならば、ストレスを軽減する飼育環境を重視しよう、と。同じ母親から生まれた兄弟だけの群れで育てることで、無用なケンカを回避。豚舎は広め

のスペースを確保する。そのための小規模飼育でもあった。その甲斐あって黒豚たちには、くるんと丸まったかわいいしっぽがついている。

放牧地で遊ぶ豚をよく見ると、黒豚といえど全身が真っ黒ではない。鼻と4本の足先、例のしっぽも白っぽい。なので、六白黒豚とも呼ばれている。飛ぶように走ったり、土を掘ったり食べたり、水に入ったり、昼寝をしたり。上泉家の豚たちは自由。

「私たちも豚たちの姿に癒されることが多いんですよ」

豚がこんなにも表情豊かな動物だとは知らなかった。

思い返してみれば、農場を公開している養豚農家は珍しい。何軒か取材したことはあるが、豚の姿はおろか、部外者は豚舎にさえ近づくことはできない。豚は細菌に感染しやすいため、徹底的に

無菌で飼うか、雑菌に慣れさせるかのどちらかだという。放牧豚は多様な菌の中で免疫ができ強くなる。日頃の健康管理に気を配っていれば、抗生物質を使わなくてすむ。毎日の餌は自家配合の飼料を中心に、牧草や近所の農家からもらう野菜を少々。隣町で採れる小麦を自家製粉してコーンを入れ、ホエーで発酵させたものが飼料となる。ちなみにホエーは、同じ志の生産者仲間でつくる「やまの会」のメンバーでもある、近所の酪農家兼チーズ工房から分けてもらっている。

ここ最近は毎月の出荷頭数を少し増やし、6頭にした。屠場から戻って来た肉は自分たちの手で捌き、ベーコンやソーセージなど加工品をつくるほか、肉としても販売している。町内の個人宅への配達も始め、こちらも好評だ。

ペットと家畜、経済動物の違いはわかっているつもりだ。ただ、豚を飼うというより、一緒に生活しているという表現がしっくりくる上泉さん夫妻の場合、屠場へ出荷する時、どんな想いが入り交じるのだろう。その話を向けると、新さんと畔菜さんはこんな話をしてくれた。

「人間がかまってあげない豚は出荷の際、抵抗して騒ぐんです。うちの豚は人間を信頼しているから、おとなしくトラックに乗ってくれる」

「行き先は結局、屠場なんですけどね。家畜として肉になる運命ならどっちが良いか、ということなんですよね」

ふたりの話をこんな風に受け止めた。奪う命なら、生きている間は過ごしやすい環境を整えてあげたい。慈しみ育てること、それを生活の糧にすることは、ふたりの間には矛盾はない。頭で考えることではなく、心でどう感じるか、なのだ。


ファームブレッスドウィンドの黒豚を使う料理人たちは、その味を一様にこう表現する。「きれいな味がする肉」。黒豚のイメージからいくと、濃い野趣的な味がしそうなものだが、とてもピュアな味わいで肉色もやさしい。

「天然の魚と養殖の魚の違いと似ていると思うんですよね。クセがなさすぎるっていう人もいるんですけどね」

なるほど。天然の本マグロやキンキの脂はしっかりしているが、後味は意外にすっきりしている。

「正直な話をすれば、おいしさにはこだわってはいないんです。健康な豚肉づくりを目指していれば、その結果、おいしくなると思うんです」

「グルメやブランドに走るんじゃなく、どうやったら豚が元気で居心地よく過ごせるか。自分たちの座標軸もそこに置いています」

この地で農業を始め、間もなく10年になろうとしている。

「この頃しみじみ思うのは、どんなものにも存在理由はあるんだっていうこと」

脂肪が入りにくい血統の母豚から生まれる子豚が、実はソーセージにすると、抜群においしいことに気づいたという。

新さんも続けて話す。

「良いところ、残念なところは、どんな豚にもある。人間だって一緒でしょ。だったら良いところを生かせばいい。豚を通して、そう

いう発見ができる。発見があるって嬉しいよね。夕焼けがきれいなだけで、もう大発見だもんな」

「本当にココって景色がきれいなんですよ。それだけで幸せになるよね」

そういってふたりは顔を見合わせて微笑む。この日は、夕陽の時間には少し早かった。次にお邪魔する時は、ここで大きな夕焼けを見てみたい。奥尻島が浮かぶ青い海を眺めながら、心からそう思った。

上泉さんの肉製品を味わいたい方へ

無添加のソーセージ、ロースハム、ベーコン、燻製ヒレ肉など、「農家の黒豚」シリーズをオンラインショップで購入できます。商品のお問い合わせなどは、メールでどうぞ。

〔 ファームブレッスドウィンド 〕

http://www16.plala.or.jp/b-pig/

b-pig@agate.plala.or.jp

SAVE-UP
RESCUE
ENERGY

石田めん羊牧場

石田直久さん
〔1974年生まれ〕

石田美希さん
〔1975年生まれ〕

羊

羊に惹かれ、新規就農して10年。さまざまな苦難を乗り越え、理想の味をつくろうと踏ん張る情熱と信念の羊飼い夫妻。その味わいと姿勢は、料理人たちから高く評価されている。

情熱と信念の羊飼い。料理人たちが親しみを込め、そう表する羊の生産者がいる。北海道のほぼ真ん中、十勝の足寄町に「石田めん羊牧場」を拓く石田直久さん、美希さん夫妻のことである。

15ヘクタールもあるなだらかな丘陵地には、真っ白でずんぐりモコモコした羊の姿が目立つ。石田さんはイギリス原産の「サウスダウン」という品種を主体に、約450頭の羊を飼う。頭数としては日本有数の規模である。

「でも、羊飼いは貧乏ですよ」

「本当に儲からないですから」

気持ちがいいくらいきっぱりした口調でいい、ふたりは笑う。

ジンギスカンに代表されるように、羊食文化を持つ北海道だが、羊たちがのんびり草を食む風景を見る機会は意外に少ない。というのも、日本に流通する羊肉の99％以上が輸入肉だからだ。国内自給率はわずか0・5％。北海道産を含む国産羊は希少な存在なのだ。

収益面から考えると、日本の羊飼育はとても厳しい。雌羊の出産頭数は平均1・5

頭と少ない上、1頭あたりの価格は労力に見合うほど高くはない。また、羊は家畜の分類に含まれないため、支援や保護の財源がほとんどない。ルールも曖昧だ。数を増やすより、維持するので精一杯である。

それに対し、羊大国のニュージーランドやオーストラリアは、羊産業が国策。大規模経営が主流で、単価は格段に安く数で勝負ができる。さらに、羊肉輸入は関税がすでに自由化されているので、現地の価格のまま日本に入荷する。

価格面では輸入肉に太刀打ちできないが、フレンチやイタリアンなどのレストランでは、北海道産の羊肉を支持する声は高い。羊を専業にする農家が少ない分、味わいから飼い方まで、顔の見える羊肉を使うことができるからだ。

「羊は隙間産業。買ってくれる人と直接つながるのが面白いんですよ」

「ふらふらした不安定な感じと大いなる可能性。そこがまたいいんです」

石田さん夫妻は、この状況を楽しんでいる。


山口県出身の石田さんは酪農を志し、帯広畜産大学で学んだ。美希さんは、滋賀県の出身。大学の後輩に当たる。

「なぜ牛ではなく羊なのか。よく聞かれるんですが、これという立派な理由はないんですよ。強いていえば、好きだから……かな」

石田さんと羊との出会いは、半ば強制的だったと聞く。大学の先輩や教授から手伝いに駆り出された先が、羊の牧場。意外にすばしっこい羊たちに翻弄され、憎らしい思いでその後姿を追っていたという。

「羊飼いの先輩たちと飲む機会が多くて、その度に儲からないとグチをいうのに、みんなすごく楽しそうなんですよ」

何が面白いのかが気になり、大学から大学院に進み、羊の研究に没頭。気づけば、自分も羊の不思議な魅力に取りつかれていた。

GRIP

ふたりは2000年に結婚。その翌春に足寄町に就農した。最初の土地が見つかるまで、そして今の牧場に落ち着くまで、多くの苦労があった。過疎化が進むまちでは、新規就農者は歓迎されるものだが、石田家の場合は事情が違った。

「僕らは足寄の新規就農希望者の第1号だったんですが、羊を飼うといった途端、担当者がドン引きしたのがわかるんですよ」

足寄町の新規就農支援制度には羊に該当する項目がなく、補助金は利用できないとつれない返事。ほかの市町村にも当たったが門前払い。羊農家は経営的に苦しいとわかっているので、すぐに辞めてしまうと受け取られたのだ。

美希さんはその時、長女を身ごもっていた。それを知った人が2人だけ、石田さん夫妻を応援してくれた。一緒になって土地探しに奔走。何人に

も断られ、ようやく土地を貸してくれる人を見つけ出した。

石田めん羊牧場は晴れて2001年4月、2ヘクタールの土地に20頭の羊から出発した。

実は新居探しも波乱の連続だった。なにせ資金に余裕がない。条件に当てはまる家は、何十年も使われていない笹藪に覆われた古い小屋。廃材を利用した6畳2間。戸を開けると、家の中には枯れ葉が堆積。床はかなり傾いていた。窓は締まらない。水道は元栓がなく流れっぱなし。ガスと電話は新たに引いたが、テレビはアンテナをつけても映らなかった。浴室は屋外につくった。

「なんというか、リアル〝北の国から〟ですよね」

「スイートホームなのにね。当時の生活はかなり面白かったです」

牧場の方はというと、繁殖に力を入れ、2年後には200頭にまで増やした。ほぼ収入がなかったその間、石田さんは酪農のアルバイトに出て生活を支えた。次女も産まれ、順調に進んでいたある日、土地の所有者が突然亡くなった。ゆくゆくは隣接する土地も借りる計画で羊を増殖していたのだが、その話が頓挫してしまったのだ。

「放牧地は食べ尽くされ、過密状態。病気になって死ぬ羊も続出して、毎日牧場に通うのが怖くなったくらい」

この頃の石田さんは、羊を手放すことも頭にあったという。就農時、あれだけ町中を探してもなかったのだから、町内に新しい土地なぞもう見つかるはずはない。そう思っていたのだ。

ところが、今回は違っていた。3年間のふたりの頑張りを地元の人たちがちゃんと見ていてくれたのだ。緊急を要するこの事態、土地探しに協力を惜しまなかった。間もなく土地と家を譲ってもいいという人が現れた。離農するその人が移り住む場所も、みんなが探してくれたという。小さなコミュニティほど、一度信頼を得ると地域に深く受け入れてもらえるものなのだ。

2004年、石田家は減ってしまった羊たちとともに、現在の場所に引っ越した。今度はテレビがちゃんと映る家だ。広さに慣れず、しばらくは何をするにも家族4人で固まっていた。羊たちも広い牧草地に最初は戸惑い気味だったという。

石田めん羊牧場に多いサウスダウン種は、羊肉の王様といわれている。その反面、子育てが苦手な上に遅熟。飼育には相当手間がかかり、日本ではもちろん、原産国のイギリスでも飼う人は少なくなってしまった希少品種だ。

羊農家でもっとも多い品種はサフォーク。顔と脚が真っ黒な、よく知られた品種だ。サウスダウンをルーツとするが、こちらは体が大きく子育て上手。つまり、生産効率が良く育てやすい。それでも、サウスダウンに惚れ込む理由は明快だ。

「味、風味、肉質、どれをとってもおいしい。僕らは自分たちが食べておいしいものを追求していきたい」

純血種が少ないサウスダウンは他品種をかけ合わせて繁殖するが、出荷する羊は8分の7以上の血統を守っている。特に母羊は子育てが上手な品種を4分の1ほど交配するなど、工夫をしている。

羊の出産シーズンのピークは2月下旬から1ヵ月間続く。例年約300頭が産まれるが、ひと時も

目を離せない。サウスダウンは難産が多い上、母親の自覚のない羊が少なくない。出産後すぐ、子羊の体についた羊水を母羊に舐めさせる。それでようやく、自分が産んだ子どもだと認知する。子羊は子羊で、自分から母乳を飲みに行けない子が多い。おっぱいまで誘導しなければならない。

「元々持っている子育て下手という性質に加え、日本では頭数が少なく血が濃くなっていることも、手がかかる原因かもしれません」

そこまでしても母性が芽生えず育児放棄する雌羊もいるので、石田さんがママ代わりとなり授乳させる。その数が増えると、育児ノイローゼ状態になるという。

2006年からは肉の処理加工を自分たちで行っている。それまでは屠場に送り出した後、業者に委託していたが、売り先が増え、肉の状態がわからないまま販売することに我慢ができなくなったという。

「生体では良かったけれど、肉になると脂の質が想定とは違ったり。目から鱗の世界ですよ。そうなる理由を考え、かけ合わせを深く研究するようになりました」

外見を観察し、体臭をチェックし、肉とじっくり向き合い、使い手である料理人たちの意見を参考にし、研究者と生産者の視点で3年間データを蓄積した。生きものなので個体差はあるが、その違いごと楽しんでもらえる一定のラインは、ようやく見えてきたと話す。重要視するのは、〝香り〟だ。

「食べてもらって、〝羊っぽくなくておいしい〟といわれるのが、一番がっかりするんです」

美希さんに続き、石田さんも言葉を探しながら説明する。

「日本には日本の飼い方があって、日本人が好む味がある。味の説明は難しいですが、臭いではなく、羊らしい香りと旨味を持つものが理想。それがあるからおいしいって思ってもらえるところを目指しています」

毎月20頭前後を、札幌を中心に全国のレストランに出荷している。春にはピュアな味の乳飲み仔羊・ミルクラムを楽しめる。秋冬にはやさしい膨らみのある味わいと香りのラム。その合間に月齢24ヵ月以上のマトン、12ヵ月〜24ヵ月のホゲットを。こちらは月齢を重ね、食べ応えのある旨味と風味を堪能できる。年中出回っている観のある羊肉だが、季節感がちゃんとあるのだ。

特定危険部位に指定されているもの以外、内臓も屠場から引き取り、販売する。鮮度が命の内臓類はそれ自体が希少で、ほんのり香る甘味も魅力である。羊毛、皮、骨など、食べられるもの、加工できるものは、余すところなくすべて使い切る。命を粗末にしたくない。生産者としては当然の想いだろう。

昨年夏の猛暑は、ご本人曰く「大撃沈した」と。

「気温や天候で餌のやり方を工夫しているのですが、この暑さでも平気やろうって、深く考えずに過ごさせちゃった。肉が夏バテしていた。慢心ですね」

毎年新たな課題を得て、理想に向けてのステップにつなげていく。ここ1〜2年はあえて時間をつくり、そのためにアルバイトと貯金をして、取り引きのあるレストランに食事に出かけるようにしている。

「まず、僕らの肉がどんな料理になるのか食べることが大切だと思って。店の雰囲気を知って、食べている人の様子を見て、良い緊張感を持って帰ることができる。僕らが行くとシェフたちが集まってくれて、生の声を聞ける。それが大きなモチベーションになるから」

誕生を手伝い、行き先までしっかり見届ける。その一連の流れをすべて見つめることで、得るものは大きい。

「牧場に近いところで、羊を味わってもらえる場所づくりを考えているんです」

アウトラインはまだできてはいないが、就農10周年を迎えてそんなことを思案中だと、目を輝かせて話す。かつての羊飼いの先達がそうであったのと同じように。羊とは、かくも人を惹きつけるものなのか。羊飼いにはいつも夢がある。

石田さんの羊肉を味わいたい方へ

石田めん羊牧場はすべて直販です。レストランへの出荷が中心ですが、羊の精肉や加工品、内臓を不定期で小売販売しています。数量限定で内容未定のため、事前予約はできません。また、ムートン、原毛、美希さんお手製のフェルト小物なども取り扱い中。情報はＨＰで随時アップしていますので、そちらをご覧ください。また、ＨＰでは出荷レストランの案内もしています。

〔 石田めん羊牧場 〕

http://www13.ocn.ne.jp/~lamb/

株式会社 馬木葉《まきば》

松野 譲さん

〔1963年生まれ〕

エゾシカ

自然豊かな北海道の象徴であるエゾシカは、農林業に甚大な被害を与える害獣でもある。一匹でも減らし被害を抑えたい。そして命あるものを資源として生かしたい。切実な想いの中で銃を持ち始めた酪農家の話。

海と大地の幸が豊かな北海道。多彩な食材が生産される中、その価値が見直されている資源がある。エゾシカである。

北海道の自然を象徴する野生動物だが、増加する生息地では害獣として扱われている。ひと昔前はエゾシカの肉は臭くて硬いと敬遠されていたが、最近は狩猟技術の向上や衛生処理の基準が設けられるなど、品質は格段に向上している。害獣から資源へ。エゾシカ肉を有効利用する動きは、ゆるやかだが広がりつつある。

本書では食を育むつくりびとに話を聞いてきた。最後に異色ではあるが、狩猟肉としてエゾシカを生産する「馬木葉」の松野穣さんの話を紹介したい。

松野さんの本業は酪農。「松野牧場」を営んでいる。命を育む一方で、命を奪う。ある意味、両極に立つ仕事をしている。野生動物を狩猟することに抵抗を覚える人もいるかもしれないが、そこにはきれいごとでは済まされない現実があった。

まずは、エゾシカについての基礎知識を。

エゾシカはここ20年ほどで爆発的に増加している。元々狩猟の対象だったが、一時絶滅寸前とされ禁猟になったこと、森林開発と農地造成によって利用しやすい餌場が増えたこと、暖冬で餓死が減ったことなどが理由として考えられる。今現在、その数は北海道全体で推定64万頭。繁殖力が強いため、今後も増える傾向にあるといわれている。

エゾシカによる獣害は、農作物や森林を食い荒らす農林業被害が甚大だ。年間50億円を超え、51億円まで手が届きそうな勢い。世界遺産の知床では生態系を脅かす存在になっている。それだけではない。JR北海道の列車衝突被害は年間約2000件、自動車の衝突事故は1800件を優に超えている。

外敵だったオオカミが絶滅して以降、増え続ける個体数を調整するには、人間による保護管理しか共生の道はない。年間の捕獲頭数は約9万頭。食肉として流通しているのは、その内のわずか約1万2000頭である。

ヨーロッパではジビエ（狩猟で獲る鳥獣肉）として愛されている鹿肉は、赤身が主体で上品な味わい。特に松野さんが手がけるエゾシカ肉は、肉の目利きの良さ、処理や扱いの丁寧さが味に表れている。当然臭みはなく、火を通してもパサつかない。札幌や東京を中心に全国の料理人から支持され、年間800頭を捌き出荷している。

自分ひとりでは対応できない注文数なので、10名の腕のいいハンターと契約している。本業である朝夕の搾乳の前後にエゾシカ猟に出かけ、解体をし、荷づくりをする。狩猟以外は妻の愛絵さんとふたりでこなす。ゆっくり昼食を取る時間はまずない。取材中も松野さんの携帯には注文の電話がひっきりなしに入る。

松野さん夫妻が暮らす白糠町は、漁業と酪農のまちである。この地に入植した初代と2代目は軍馬の生産をし、先代が酪農を始め、4代目である松野さんがその仕事を引き継いだ。馬の生産は、頭数は少ないながら現在も続けている。

「うちは代々馬をやっているから、エゾシカを扱う会社にも『馬木葉』と漢字を当てたのさ。〝まきば〟は、牧場でもあるしね」

エゾシカに関わるきっかけになったのは、大きな農業被害を受けたことだった。松野牧場は80頭の牛を飼い、90ヘクタールの牧草地を飛び地で持っている。自分のところで使う以外、余った牧草は販売している。

「ある時からうちの牧草畑にものすごく鹿が現れてね。ハンターを頼もうにも、鉄砲を持ってる人らは会社員が多いから、来てほしい時に来れないのさ。鹿対策に牧草畑に網を張ったこともあったけれど、毎日見回れないから、網にかかって死んだ鹿に熊

がついてさ。危ないからそれも続けられなくて。防鹿柵を取りつける補助金も出たけれど、維持管理の労力がとんでもないのさ」

考えられる策は講じたが、広大な牧草畑はきれいに食べ尽くされてしまった。牧草が足りなくなり新たに買った分、本来は販売する予定だった分を併せると、被害額は600万円にも上った。死活問題である。

「こんだけ被害に遭ったらさ、鹿を見ても憎たらしいとしか思わないんだよ」

本当にその通りだと思う。農林業食害が総額50億円といわれても、規模が大きすぎてただ圧倒されるばかりだが、松野家の被害額を聞くと、その深刻さはにわかに現実味を増す。周りの農家にも被害が広がっていた。「どうせ食害に遭うなら損害額の少ない作物を」と、品目を変えざるを得ない農地も出てきた。

「1頭でもいいから減ってくれ」

切実な想いから松野さんは狩猟免許を取り、ハンターになった。

白糠は道内でもエゾシカの生息数が多いエリアで、一般狩猟期間（10月中旬〜翌3月下旬※年度や地域で異なる）外でも捕獲できる、有害駆除地域に指定されている。

ハンター初心者だった頃、目の前にいる鹿に弾がなかなか当たらなかったという。銃に不慣れなこともあったが、命を奪うことの難しさを痛感した。相手も生きることに、逃げることに必死だ。弾が当たってもその場ですぐ倒れることは少ない。手負いのままかなりの距離を移動し、力尽きていたこともあった。緊張や興奮、冷静さ、充足感、命の健闘を称える気持ち。いろんな想いが交錯する中、経験と技術を積んでいった。

自分で弾を込め、引き金を引き、射止めた命。憎らしい想いは変わらずあるが、だからといってそれを無駄にできるわけではない。捕獲した鹿は自家消費をしていたが、メスの生体で80kg、オスになると150kgを超える重量では、冷凍庫はすぐに満杯になった。近所や親戚に配っても限界がある。そのうち、有害駆除で仕留めた鹿肉の販売も認められることになった。いろいろあった流れ

の中で、２００２年、エゾシカ肉の有効利用を目的に馬木葉を立ち上げたのだ。

狩猟肉はただ撃てばいいものではない。撃つ部位、撃った直後の処理の仕方によって、その後の味わいは大きく違ってくる。獣臭いといわれる鹿肉は、おいしく食べるための工夫がなされていない肉だ。

狙うのは首。的の大きな体を撃っては損傷が大きく、売りものにならない。撃った後は、いち早く放血させる。心臓の動きを止めずにきっちり血抜きをするためにも、首を狙うことが重要だ。

その後はすぐに解体処理場に運ぶ。運ぶといっても、車の荷台に載せるまでがひと苦労。小鹿以外、大抵は自分の体重よりも重たい場合がほとんどだ。狩猟した場所が車まで離れていれば、真冬でも汗だくになる重労働となる。道内のハンターは高齢者が多く、今後のハンター人口の減少が懸念されている。

さらに、車の積み方にもコツがあるという。詳しくはここでは省くが、車を走らせながら、エゾシカの体を冷やすのだという。こういったノウハウは、先輩から教わったり、松野さんの経験から見出した方法。契約するハンターに徹底してもらい、品質の高さを維持している。

出荷の作業を見せてもらった。解体処理場もそうなのだが、作業場はとても清潔。まるで食肉店のようだ。衛生管理の検査に厳しい大手量販店との取り引きがあると聞き、そのきれいな空間に納得がいった。

前日、あるいは当日に解体処理場に運ばれ、素早く皮を剥いだエゾシカは、大まかな部位にカットし、枝肉の状態で熟成に入る処理場もあるが、ここにも松野さんの徹底したこだわりがある。

「一番太いモモは芯まで冷えずらいのさ。そのままだと蒸れちゃうから、冷えやすいようにパーツにしておくと、臭みは出ない」

肉を部位ごとに切るのは松野さん、袋に詰めるのは愛絵さんの担当。重さを量って真空パックにし、部位ごとにシールを貼る。丁寧かつ小気味良いテンポで仕事は進んでいく。

「おっかぁの袋詰めのタイミングじゃなきゃ、う

まくいかないのさ」

酸いも甘いも25年、共に連れ添った夫婦ならではの間合いがあるのだろう。

注文表をこっそり見ると、ミシュランガイドに載る星つきレストラン、名前をよく聞く人気レストランなど、そうそうたる顔ぶれ。飲食店に納める場合と、肉問屋に卸す場合があるそうだ。一般からの注文も受けているが、まだまだ数は少ない。愛絵さんに家庭での食べ方を尋ねた。

「うちはカツが多いの。下味は塩コショウをして、ガーリックパウダーを隠し味に少し。冷めても硬くならないから、お弁当のおかずにもいいの。カレー粉を使ってもおいしいんだよ」

ぎゅるーっと、お腹が鳴った。


この日は日没が迫っていたが、松野家が管理する山林に連れて行ってもらった。

「こういう曇っていて風のない日は獲りやすいのさ」

エゾシカ猟はタイミングだという。動き回っている鹿とどう出会うか。勘のいいハンターか否かで猟果は違ってくる。

ライフルについた小さなスコープを頼りに、200m先のエゾシカに照準を合わせるという。枯れ葉が落ちて若干見晴らしは良くなったとはいえ、全体が茶色の世界。エゾシカだって同系色だ。木の幹と見分けがつかない太さの首を狙って、一発で仕留めようというのだから、すごいとしかいいようがない。

ライフルを構えた松野さんは、猟師の表情になる。

「ズダーーン」

ものすごい爆音。覚悟はしていたが、重量感のある銃声の大きさに驚いた。衝撃波というのか、側に立っているだけで空気を圧する振動が伝わってくる。林に響くこだまは、いつの間にか乾いた音に変わっていた。

取材の翌夕、再度、馬木葉を訪ねてみた。すると、契約ハンターたちが何頭ものエゾシカを解体処理場に運び込んでいる真っ最中だった。1秒でも早く体から熱を逃がすために、皮を剥がなければならない。松野さんは、後ろ足を吊るされた鹿にナイフを入れていく。そこからふわぁっと湯気が上がる。ほんの少し前まで生きていたことを示す生命の温もりが、晩秋の外気温と変わらない処理場の冷たい空気と混じり合っていく。正直、もっとグロテスクな場面を想像していた。でも、そこには命と真剣に向き合う緊張感、厳かな空気感が満ちていたように思う。1体、2体と鮮やかに丁寧に仕事をしていく姿に、ただただ見惚れていた。

「こういうのって理屈じゃないから。せっかくならおいしく食べてほしいし」

これが人間の本能なのかもしれない。我々の遠い祖先も獲物から糧を得てきた。狩猟の鳥獣肉に限らず、家畜だって魚だって野菜だって、人間は何かの命を自分の中に取り入れて生きている。いただく命ならば、感謝しておいしく味わうのが礼儀だろう。食事を楽しむことは、人間だけに与えられた特権なのだから。

ひと仕事終え、充足感に満ちた松野さんと愛絵さんが見送ってくれた。次回機会があるなら、今回は見られなかった鹿を射止める現場に立ち会いたいと思った。そこを見なければ、この取材がちゃんと終わらないような気がしている。

松野さんのエゾシカ肉を味わいたい方へ

馬木葉では通年、エゾシカ肉を販売。ただし、猟なので獲れない日もあるため、10日前までの予約が必要になります。注文はファックスが確実です。販売する部位はモモ、ヒレ、ロースのほか、味付き焼肉、ソーセージなど。エゾシカ肉は高タンパク低脂肪。牛肉よりカロリーが少なく、鉄分を多く含むので、女性にお勧めです。食べ方は牛肉同様の調理法で楽しめます。松野さんによると、一番お勧めの時期は9月〜10月だそうです。

〔株式会社 馬木葉〕

FAX 01547-5-4885

おしまいに

最後までお読みいただき、ありがとうございました。

本書の取材で移動した走行距離をざっと測ってみました。何と4000㎞。東京～福岡間が1100㎞というので、相当な距離を走ったことになります。それだけ北海道は広いということがいえると思います。

そんな広大な面積を生かし、第一次産業が主要産業である北海道には、良質な食材を生産する方が数多くいます。今回ご紹介した食のつくりびとは、その方がつくった食材に惚れ、私が会いたいと思った20組に取材させていただきました。

また、「食を育む」というテーマから、漁業に関しては栽培漁業のみを取り上げました。無論、北海道の魚介類、そして漁師の方々の話も魅力的です。いつか機会があれば、その話も書いてみたいと思います。

大切な一日を潰して取材に応じ、話を聞かせてくださった生産者のみなさんに、心よりお礼を申し上げます。

作業の過程で多くの方に力を貸していただきました。すばらしいつくりびとをご紹介くださった多くのみなさん、特に鈴木秀利さん、松田義人さん、長原裕一さん、高橋毅さん、宮下輝樹さん、本田匡さん、ありがとうございました。

長距離運転を引き受けてくださり、素敵な笑顔を撮ってくださった本書のパートナー・写真家の岩浪睦さん、今回の出版の機会をくださり、なかなか上がらない原稿を気長に待ってくださったエイチエスの斉藤隆幸さん、本当にありがとうございました。叱咤激励、アドバイスをくださった多くの友人、そして家族にも最後にお礼をいわせてください。

みなさんのお力がなければ、このような取材も本もできませんでした。本当にありがとうございました。

取材内容を収録したボイスレコーダーからは、風や波の音、鳥や虫、カエルの声が聞こえてきます。夏から初冬にかけ、北海道が一番輝く季節にあっちこっちの産地に出かけ、とても気持ちの良い時間を過ごしました。大人の社会科見学のようで、とても楽しかったです。そして、手つかずの自然と農山漁村の景観が相俟って、美しく豊かな風景を紡いでいることを実感しました。北海道って本当にいいところだなぁ、ここに暮らせて幸せだなぁと思ったことも、最後に記したいと思います。

２０１１年４月

小西由稀

〔参考文献〕

生物資源から考える21世紀の農学7
生物資源問題と世界／野田公夫編（京都大学学術出版会）

社会的共通資本／宇沢弘文（岩波新書）

おたずね申す日本一／大本幸子（ＴＢＳブリタニカ）

百姓探訪／立松和平（家の光協会）

黒い牛乳／中洞正（幻冬舎）

漁業生物図鑑 新 北のさかなたち（北海道新聞社）

なまら旨い!!北海道の食材／千石涼太郎（北海道新聞社）

健康旬を食べる／相馬暁（リヨン社）

北海道、耕す大地そして海（共同文化社）

北海道の旬の味を取りよせておいしく食べる本（リクルート）

dancyu（プレジデント社）

northern style スロウ（クナウマガジン）

家の光（家の光協会）

※その他、読売新聞、朝日新聞、北海道新聞の各記事、北海道および道内市町村、南かやべ漁業協同組合、ＪＡようてい、べにや長谷川商店、農林水産省・畜産統計、社団法人畜産技術協会、社団法人 日本植物油協会、食のたからもの取材レポート（東京財団）、スローフードジャパンのウェイブサイト、生産者の方からご提供いただいた資料・ウェブサイトなどを参考にさせていただきました。

※著者がdancyu（プレジデント社）、北海道じゃらん（リクルート北海道じゃらん）、読売新聞北海道版、ウェブサイトAll About 北海道などに書いた記事を加筆・修正した文章も含まれます。

【食のつくりびと 北海道で美味しいものをつくる20人の生産者】

初刷——二〇一一年五月二十八日
著者——小西由稀
発行者——斉藤隆幸
発行所——エイチエス株式会社 HS Co., LTD.
064-0822
札幌市中央区北2条西20丁目1-12佐々木ビル
phone : 011.792.7130 fax : 011.613.3700
e-mail : info@hs-prj.jp URL : www.hs-prj.jp
発売元——株式会社無双舎
151-0051
東京都渋谷区千駄ヶ谷2-1-9 Barbizon71
phone : 03.6438.1856 fax : 03.6438.1859
http://www.musosha.co.jp/
印刷・製本——株式会社総北海

ISBN978-4-86408-927-2